POMOLOGIE GÉNÉRALE

PAR A. MAS

SUITE DE LA PUBLICATION PÉRIODIQUE

LE VERGER

DOUZIÈME VOLUME

PRUNES (Nos 97 A 147). — (Nos 1 A 22) **PÊCHES**

CONTENANT UN SUPPLÉMENT DE NOTES DESCRIPTIVES

AVEC TABLE GÉNÉRALE DE TOUS LES FRUITS DÉCRITS DANS LES DOUZE VOLUMES
ET DE LEURS SYNONYMIES

BOURG (AIN)
CHEZ Mme ALPHONSE MAS
Rue Lalande, 20

PARIS
LIBRAIRIE DE G. MASSON
Boulevard St-Germain, 120

1883

POMOLOGIE GÉNÉRALE

PRUNES & PÊCHES

TOME DOUZIÈME

Bourg, Imprimerie Authier et Barbier.

POMOLOGIE GÉNÉRALE

PAR A. MAS

SUITE DE LA PUBLICATION PÉRIODIQUE

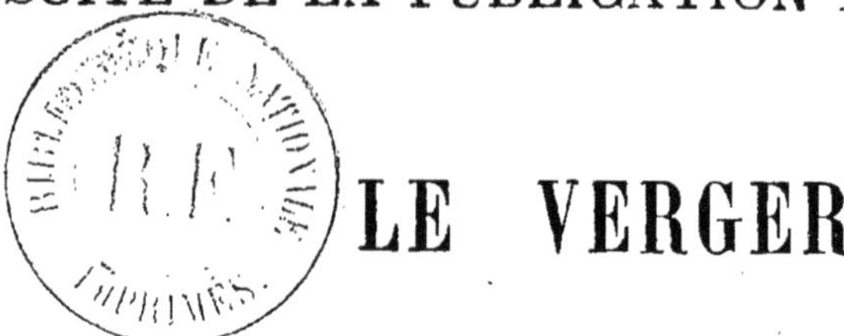

LE VERGER

DOUZIÈME VOLUME

PRUNES (Nos 97 A 147). — (Nos 1 A 22) **PÊCHES**

CONTENANT UN SUPPLÉMENT DE NOTES DESCRIPTIVES

AVEC TABLE GÉNÉRALE DE TOUS LES FRUITS DÉCRITS DANS LES DOUZE VOLUMES
ET DE LEURS SYNONYMIES

BOURG (AIN)
CHEZ Mme ALPHONSE MAS
Rue Lalande, 20

PARIS
LIBRAIRIE DE G. MASSON
Boulevard St-Germain, 120

1883

POMOLOGIE GÉNÉRALE

REINE-CLAUDE HATIVE DE PARISET

[N° 97]

Inédite (1).

Observations. — Cette variété a été obtenue par M. Pariset, notaire à Curciat-Dongalon, département de l'Ain, il y a environ une douzaine d'années. — L'arbre, d'une bonne vigueur, dont la végétation est irrégulière, exige quelques soins pour la formation de sa tête. Comme celui de la Reine-Claude type, son tronc prend une mauvaise direction s'il est greffé près de terre; il a aussi avec lui les plus grands rapports de ressemblance par la tenue de ses branches et par son feuillage. Variété à multiplier dans le verger; elle est rustique, peu difficile sur le sol, et si sa fertilité est seulement moyenne, elle est peu sujette à l'alternat. Son fruit, par sa forme et sa couleur, ressemble aussi beaucoup à celui de la Reine-Claude qui est cependant un peu plus vert. Sa qualité est remarquable à une époque où les bonnes Prunes sont encore rares.

DESCRIPTION.

Rameaux forts, obscurément anguleux dans leur contour, à entre-nœuds courts, d'un brun terne du côté de l'ombre, d'un rouge foncé du côté du soleil et voilé d'une pellicule métallique épaisse, recouverts sur presque toute leur longueur d'un duvet extraordinairement court, à peine appréciable.

Boutons à bois petits, coniques un peu renflés et finement aigus, à

(1) M. O. Thomas décrit, dans la *Revue horticole*, année 1871, page 476, une variété de Reine-Claude hâtive qui semble beaucoup se rapprocher de celle que nous décrivons ici et qui a été obtenue par notre semeur Bressan, dont nous avons déjà décrit plusieurs gains méritants.

direction un peu écartée du rameau, soutenus sur des supports saillants dont les côtés et l'arête médiane se prolongent d'une manière assez prononcée ; écailles d'un marron rougeâtre.

Pousses d'été d'un vert terne à l'ombre, lavées de rouge brun du côté du soleil.

Feuilles des pousses d'été moyennes, ovales-elliptiques, se terminant en une pointe extrêmement courte et fine, bien creusées en gouttière et légèrement arquées, très-régulièrement bordées de dents fines, peu profondes, larges et se terminant en une petite pointe à peine appréciable, assez peu soutenues sur des pétioles courts, un peu forts, peu redressés et munis de deux glandes ovalaires d'un jaune clair et bien apparentes.

Stipules extraordinairement courtes et fines, une fois lobées à leur base.

Boutons à fruit petits, ovoïdes-aigus, réunis sur des dards courts et forts ; écailles d'un beau marron foncé.

Fleurs grandes ; pétales largement arrondis, un peu lavés de jaune ; divisions du calice longues, larges et obtuses ; pédicelles courts et un peu forts.

Feuilles des productions fruitières petites, obovales un peu allongées, arrondies à leur extrémité, un peu concaves et souvent ondulées dans leur contour, bordées de dents bien fines et bien aiguës, bien soutenues sur des pétioles de moyenne longueur et raides.

Caractère saillant de l'arbre : facies général de l'arbre présentant les plus grands rapports avec celui de la Reine-Claude.

Fruit assez gros, sphérico-cordiforme, s'atténuant un peu à ses deux extrémités, mais plus sensiblement vers le point pistillaire, à joues largement convexes, partagé sur une de ses faces par un sillon large et profond en deux parties ordinairement inégales, largement convexe par la face opposée.

Peau fine, mince, d'abord d'un vert très-clair, puis passant à la maturité, **milieu et fin de juillet,** au vert légèrement teinté de jaune et recouvert d'une fleur blanchâtre, épaisse, à travers laquelle on ne peut que soupçonner sa couleur ; des taches violacées se disséminent souvent sur le côté du soleil. Point pistillaire d'un jaune d'or, placé dans un creux ovalaire à l'extrémité du sillon.

Queue courte, forte, de couleur bois, attachée dans une cavité étroite et profonde dont les bords sont souvent pénétrés par le trajet du sillon.

Chair d'un jaune clair, assez fine, un peu ferme, abondante en eau sucrée, agréablement parfumée, constituant un fruit de première qualité pour la saison.

Noyau assez gros, irrégulièrement ellipsoïde, paraissant obliquement tronqué et d'une manière inverse à ses deux extrémités, à joues bien bombées, raboteuses et se détachant entièrement de la chair ; suture ventrale profondément sillonnée et dont les bords sont bien saillants du côté de la pointe ; arête dorsale bien saillante et bien tranchante du côté du point d'attache à la queue ; rainures latérales larges et bien prononcées.

97

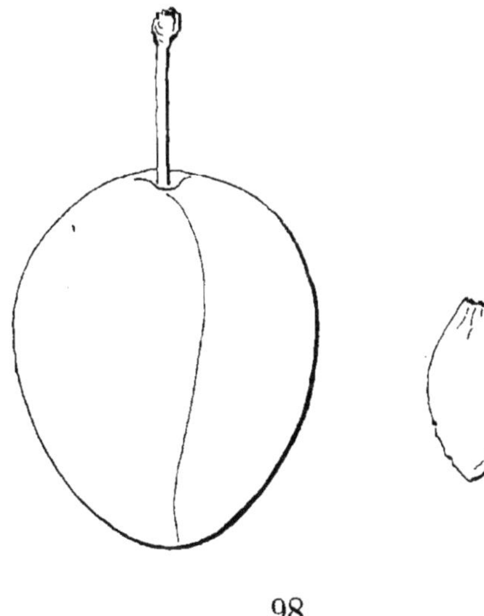

98

97. REINE-CLAUDE HATIVE DE PARISET. 98. QUETSCHE PRÉCOCE DE LUCAS.

Peingeon, Del.

QUETSCHE PRÉCOCE DE LUCAS

(LUCAS FRÜHE ZWETSCHE)

[N° 98]

Pomologische Notizen. OBERDIECK.
Catalogue JAHN, de Meiningen. 1864.

OBSERVATIONS. — M. Jahn indique cette variété comme ayant été décrite par Liegel, et elle est probablement un gain de M. le Docteur Lucas, Directeur de l'Institut pomologique de Reutlingen (Wurtemberg). — L'arbre, de bonne vigueur, forme une tête élevée et peu compacte. Sa fertilité est précoce et seulement moyenne. Son fruit, dont la maturité précède de beaucoup celle de la Quetsche commune, lui est aussi bien préférable pour sa qualité ; il peut même être apprécié pour la table.

DESCRIPTION.

Rameaux forts, unis dans leur contour, droits, à entre-nœuds courts, de couleur brune à leur partie inférieure entièrement voilée d'une pellicule et recouverte d'un duvet extraordinairement court et d'un blanc grisâtre, de couleur rougeâtre et glabres à leur partie supérieure.

Boutons à bois assez gros, coniques, bien aigus, à direction bien écartée du rameau lorsqu'ils sont situés à sa partie inférieure, parallèles au rameau lorsqu'ils sont situés à sa partie supérieure, soutenus sur des supports bien saillants ; écailles d'un marron noirâtre et terne.

Pousses d'été d'un vert clair et teinté de jaune, lavées de rouge rosat du côté du soleil et couvertes sur toute leur longueur d'un duvet court et peu épais.

Feuilles des pousses d'été assez grandes, ovales bien élargies, tantôt obtuses, tantôt un peu aiguës à leur extrémité, très-largement creusées en gouttière et à peine arquées, largement ondulées dans leur contour, très-largement et profondément crénelées plutôt que dentées, soutenues à peu près horizontalement sur des pétioles très-courts, très-forts, peu redressés, duveteux et munis de deux glandes globuleuses vertes.

Stipules assez longues, profondément et finement laciniées plutôt que dentées, et divisées à leur base en un lobe aussi profondément lacinié.

Boutons à fruit assez petits, conico-ovoïdes, épais et obtus, réunis sur des dards assez courts et forts ; écailles d'un marron sombre et terne.

Fleurs grandes ; pétales elliptiques un peu élargis, peu concaves, se touchant presque entre eux ; divisions du calice longues, étroites et aiguës ; pédicelles assez courts, grêles et à peine duveteux.

Feuilles des productions fruitières moins grandes que celles des pousses d'été, obovales bien élargies, très-brusquement et très-courtement atténuées vers le pétiole, obtuses à leur extrémité, presque planes ou même un peu convexes, bordées de dents assez profondes, recourbées et aiguës, soutenues sur des pétioles un peu longs et un peu forts.

Caractère saillant de l'arbre : feuilles des pousses d'été d'un vert tendre et peu brillant ; feuilles des productions fruitières d'un vert bleu et mat ; stipules remarquablement laciniées ainsi que leurs lobes ; pétioles des feuilles des pousses d'été très-courts et très-forts.

Fruit moyen, ovoïde-épais, un peu plus épaissi et se terminant en demi-sphère du côté de la queue, s'atténuant plus ou moins sensiblement pour se terminer à son autre extrémité en une pointe plus ou moins obtuse, peu convexe par ses joues, également convexe par ses faces dont l'une est traversée par un sillon très-peu prononcé, le plus souvent seulement indiqué.

Peau bien fine, mince, d'abord d'un pourpre clair, puis à la maturité, **milieu d'août**, passant au pourpre brun intense, pointillé de blanchâtre et entièrement voilé d'une fleur dense et bleuâtre. Point pistillaire rougeâtre, attaché à fleur de la pointe du fruit.

Queue longue, grêle, attachée presque à fleur du fruit dans une cavité très-étroite et très-peu profonde.

Chair d'un vert jaunâtre, fine, serrée, consistante, suffisante en jus richement sucré et agréablement relevé.

Noyau proportionné au volume du fruit, ovoïde un peu épais, largement tronqué à son point d'attache à la queue, se terminant un peu brusquement à son autre extrémité en une pointe courte et bien aiguë, à joues bien bombées, bien régulières, non plissées, finement chagrinées et se détachant parfaitement de la chair ; suture ventrale très-étroitement et peu profondément sillonnée, unie par ses bords ; arête dorsale peu épaisse, un peu saillante et bien tranchante seulement vers le point d'attache ; rainures latérales finement et peu profondément creusées.

ÉTENDARD D'ANGLETERRE

(STANDARD OF ENGLAND)

[N° 99]

The Fruit Manual. ROBERT HOGG.
The Fruits and the fruit-trees of America. DOWNING.

OBSERVATIONS. — Cette variété a été obtenue par M. Dowling, de Southampton (Angleterre). — L'arbre est d'une vigueur modérée; par sa végétation, il se prête peu aux formes régulières. Sa haute tige forme une tête à branches divergentes et s'abaissant bientôt par leur extrémité. Variété bien à multiplier dans le verger. Sa fertilité est bonne et son fruit, dont la saveur a de grands rapports avec celle de la Reine-Claude violette, la surpasse par l'abondance de son sucre et par son parfum.

DESCRIPTION.

Rameaux de moyenne force, obscurément anguleux dans leur contour, droits, à entre-nœuds de moyenne longueur et très-inégaux entre eux, jaunâtres à l'ombre et colorés d'un rouge lie de vin très-sombre du côté du soleil en partie recouvert d'une pellicule plombée, duveteux à leur partie inférieure et glabres à leur sommet.

Boutons à bois petits, coniques, aigus, à direction parallèle ou presque appliqués au rameau, soutenus sur des supports bien saillants dont les côtés et l'arête médiane se prolongent très-peu distinctement; écailles d'un marron rougeâtre foncé et brillant.

Pousses d'été d'un vert terne et un peu foncé, lavées de rouge rosat du côté du soleil et très-finement duveteuses sur toute leur longueur.

Feuilles des pousses d'été petites ou assez petites, ovales-elliptiques, parfois un peu obovales, se terminant régulièrement en une pointe courte et bien aiguë, bordées de dents assez fines, un peu profondes, courbées et aiguës, bien soutenues sur des pétioles courts, grêles, bien dressés, un peu lavés de rose et un peu duveteux, munis de deux grosses glandes globuleuses d'un vert jaunâtre.

Stipules de moyenne longueur, fines, finement dentées et souvent bilobées à leur base.

Boutons à fruit petits, conico-ovoïdes, bien distancés sur des dards plus ou moins longs, grêles et attachés presque perpendiculairement au rameau; écailles d'un marron rougeâtre terne.

Fleurs à peine moyennes; pétales obovales-elliptiques, bien lavés de jaune à leur sommet, peu concaves; divisions du calice de moyenne longueur et exactement ovales; pédicelles courts et peu forts.

Feuilles des productions fruitières bien petites, presque exactement elliptiques, un peu obtuses à leur extrémité, un peu creusées en gouttière et un peu arquées, bordées de dents fines, peu profondes, un peu courbées et aiguës, bien soutenues sur des pétioles courts, grêles et divergents.

Caractère saillant de l'arbre: teinte générale du feuillage d'un vert bleu et mat; les plus jeunes feuilles bien colorées de rouge; la plupart des feuilles remarquablement épaisses et bullées dans leur surface.

Fruit moyen, obovoïde, un peu tronqué à son point d'attache à la queue et bien obtus à son autre extrémité, à joues très-peu convexes et caractéristiquement comprimées du côté du point pistillaire, plus convexe par ses faces, dont l'une est partagée en deux parties peu inégales par un sillon peu profond, encore plus convexe par la face opposée formant une sorte de côte saillante.

Peau un peu ferme, d'abord d'un pourpre terne, puis passant à la maturité, **milieu et fin d'août,** au pourpre brun, parfois semé de quelques points jaunes et recouvert d'une fleur épaisse et bleuâtre. Point pistillaire grisâtre, placé à l'extrémité du sillon, à fleur de la pointe et paraissant en dehors de l'axe du fruit.

Queue un peu longue, grêle, d'un vert très-clair, attachée dans une cavité très-étroite et très-peu profonde.

Chair verte, fine, fondante, abondante en jus richement sucré, très-agréablement parfumé, constituant un fruit de toute première qualité.

Noyau moyen pour le volume du fruit, ovo-ellipsoïde, brusquement et courtement atténué à son point d'attache à la queue, se terminant à son autre extrémité en une pointe très-courte et peu appréciable, à joues un peu bombées, peu raboteuses, traversées sur une grande partie de leur longueur par deux plis bien saillants et partant du point d'attache se détachant bien de la chair; suture ventrale étroitement et peu profondément sillonnée, presque unie par ses bords; arête dorsale très-épaisse et bien aplanie du côté de la pointe, formant une lamelle bien saillante et tranchante du côté du point d'attache, accompagnée de rainures latérales très-étroites et peu profondes.

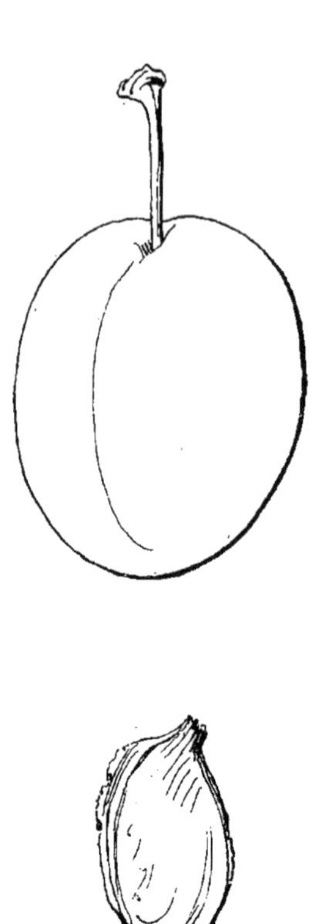

99

99. ÉTENDARD D'ANGLETERRE.

Pein

Imp. Authier et Barbier. Bourg.

REINE-CLAUDE DU COMTE D'ALTHAN

[N° 100]

Revue horticole. O. Thomas. 1871.
Catalogue Simon-Louis, de Metz.

Observations. — Originaire de Hongrie où elle fut obtenue d'un noyau de l'ancienne Reine-Claude par M. Prochaska, jardinier de M. le comte Joseph d'Althan. — L'arbre, de bonne vigueur, d'une végétation irrégulière comme le type dont il sort, se prête peu aux formes soumises à la taille. Variété à multiplier surtout dans le verger. Sa fertilité est précoce, bonne et soutenue. Son fruit, de la plus belle apparence, est aussi vraiment très-bon.

DESCRIPTION.

Rameaux forts, légèrement anguleux dans leur contour, droits, à entre-nœuds courts, d'un brun violet du côté du soleil, maculés de brun jaunâtre du côté de l'ombre et en partie recouverts d'une pellicule fendillée et d'apparence métallique ; lenticelles extraordinairement rares et très-peu appréciables.

Boutons à bois petits, coniques, courts, épais et un peu émoussés, à direction un peu écartée du rameau, soutenus sur des supports saillants et dont les côtés se prolongent sensiblement sur le rameau ; écailles d'un marron rougeâtre foncé.

Pousses d'été d'un rouge violet foncé à leur partie inférieure, d'un rouge sanguin clair à leur sommet, entièrement glabres sur toute leur longueur.

Feuilles des pousses d'été très-grandes, ovales-elliptiques bien élargies, se terminant brusquement en une pointe très-courte, souvent presque nulle, peu repliées sur leur nervure médiane, épaisses, bullées dans leur surface, largement et grossièrement crénelées, bien soutenues sur des pétioles courts, très-forts, munis de deux grosses glandes réniformes vertes.

Stipules de moyenne longueur, bien vertes, lancéolées, dentées, souvent deux fois lobées à leur base.

Boutons à fruit petits, presque sphériques, réunis peu nombreux sur des dards allongés, perpendiculaires ou presque perpendiculaires au rameau; écailles d'un brun rougeâtre.

Fleurs assez grandes; pétales largement arrondis, repliés en oreillette vers l'onglet, peu concaves, un peu dentés à leur sommet; divisions du calice lancéolées et obtuses; pédicelles de moyenne longueur et glabres.

Feuilles des productions fruitières beaucoup plus petites que celles des pousses d'été, très-sensiblement atténuées vers le pétiole, atteignant leur plus grande largeur près de leur autre extrémité où elles s'arrondissent sans se terminer par une pointe, un peu concaves, finement crénelées, bien soutenues sur des pétioles forts, courts et raides.

Caractère saillant de l'arbre : teinte générale du feuillage d'un vert foncé; différence remarquable d'ampleur entre les feuilles des pousses d'été et celles des productions fruitières.

Fruit gros ou très-gros, presque sphérique, largement tronqué à ses deux pôles, bien convexe par ses joues, également convexe par une de ses faces traversée par un sillon large, très-peu profond et qui le divise en deux parties ordinairement un peu inégales, largement convexe et très-légèrement comprimé par la face opposée.

Peau un peu épaisse, se détachant de la chair, d'abord d'un vert très-clair, blanchâtre, puis passant à la maturité, **commencement d'août**, au blanc jaunâtre, lavé sur la plus grande partie de son étendue ou sur cette étendue tout entière d'un pourpre clair semé de points nombreux, petits et blanchâtres, et sur les parties moins éclairées ces points sont cernés d'une auréole de pourpre vif; une fleur fine, d'un blanc lilas, recouvre toute sa surface. Point pistillaire large, de couleur fauve, placé dans une cavité prononcée à l'extrémité du sillon.

Chair d'un jaune clair, transparente, un peu ferme, abondante en jus bien sucré, très-agréablement parfumé à la manière de la Reine-Claude, constituant un fruit de première qualité.

Noyau remarquablement petit pour le volume du fruit, irrégulièrement ovoïde, brusquement atténué et un peu tronqué du côté de la queue, se terminant régulièrement à son autre extrémité en une pointe très-courte, à joues peu convexes, un peu raboteuses, en partie traversées par trois plis courts et bien prononcés partant du point d'attache, se détachant entièrement de la chair; suture ventrale très-largement et profondément sillonnée; arête dorsale épaisse, très-saillante et aplanie; rainures latérales très-peu appréciables.

DIAMANT

(DIAMOND)

[N° 101]

The Fruits and the fruit-trees of America. DOWNING.
The Fruit Manual. ROBERT HOGG.
The American fruit Culturist. THOMAS.
DIAMANT PFLAUME. *Illustrirtes Handbuch der Obstkunde.* OBERDIECK.

OBSERVATIONS. — D'après Downing, cette variété est d'origine anglaise. — L'arbre est d'une bonne vigueur et d'une fertilité cependant très-précoce. Il ne convient pas aux formes soumises à la taille, et par sa rusticité ne réclame aucun soin spécial ; sa haute tige forme une tête élevée à longues branches érigées. Variété destinée surtout à la grande culture. Son fruit est considéré en Angleterre, et avec raison, comme une des meilleures Prunes à cuire et à sécher. Sa fertilité est des plus grandes.

DESCRIPTION.

Rameaux de moyenne force, sensiblement anguleux dans leur contour, surtout à leur sommet, à entre-nœuds très-inégaux entre eux, colorés d'un rouge sanguin intense et couverts d'un duvet très-court, très-fin et très-peu appréciable.

Boutons à bois petits, coniques-allongés, aigus, à direction parallèle et presque appliqués au rameau, soutenus sur des supports peu saillants et dont l'arête médiane se prolonge cependant sensiblement ; écailles d'un marron noirâtre bordé de gris cendré.

Pousses d'été d'un brun rougeâtre à leur base, lavées d'un joli rouge rosat recouvert d'une fleur lilas à leur sommet.

Feuilles des pousses d'été petites, à peu près elliptiques plus ou moins élargies, se terminant brusquement en une pointe extraordinairement courte et large, ordinairement un peu repliées par leur milieu sur leur nervure médiane et relevées par leurs bords, bordées de dents doubles, un peu profondes, peu aiguës ou émoussées, assez mal soutenues sur des pétioles courts, grêles, bien rouges et munis de deux glandes globuleuses.

Stipules courtes, lancéolées, un peu dentées et divisées en deux lobes à leur base.

Boutons à fruit très-petits, exactement coniques, un peu obtus et réunis sur des dards très-grêles, attachés presque perpendiculairement au rameau; écailles presque noires et brillantes; les extérieures seules finement bordées de gris blanchâtre.

Fleurs petites ; pétales elliptiques-élargis, peu concaves, souvent échancrés à leur sommet; divisions du calice étroites, peu atténuées à leur sommet et bien obtuses ; pédicelles courts et extraordinairement grêles.

Feuilles des productions fruitières petites, ovales-elliptiques, s'élargissant cependant quelquefois un peu plus vers leur sommet, s'atténuant régulièrement pour se terminer un peu brusquement en une pointe courte et large, bordées de dents très-fines et un peu aiguës, assez peu soutenues sur des pétioles courts et très-grêles.

Caractère saillant de l'arbre : feuilles des pousses d'été un peu convexes par leur milieu; feuilles des productions fruitières très-finement dentées.

Fruit gros, ovoïde-allongé, à joues peu convexes, à faces bien saillantes dont l'une est divisée en deux parties sensiblement inégales par un sillon peu profond, cependant bien prononcé surtout à son entrée dans la cavité de la queue, la face opposée est un peu comprimée.

Peau épaisse et ferme, d'abord d'un pourpre foncé, puis passant à la maturité, **fin d'août**, au pourpre presque noir entièrement recouvert d'une fleur épaisse et bleuâtre. Point pistillaire rougeâtre, un peu saillant et placé souvent en dehors de l'axe du fruit.

Queue courte, très-grêle, d'un vert clair, ordinairement courbée et insérée dans une cavité étroite et bien profonde.

Chair verte, bien fine, serrée, ferme, peu abondante en jus sucré, acidulé, constituant un fruit de première qualité pour les usages du ménage.

Noyau gros, un peu ellipsoïde, cependant plus longuement et plus sensiblement atténué du côté de son point d'attache à la queue que du côté de sa pointe, qui est courte, aiguë et un peu recourbée, à joues peu convexes, bien raboteuses et adhérant à la chair ; suture ventrale étroitement et peu profondément sillonnée ; arête dorsale épaisse, un peu saillante et largement aplanie ; rainures latérales presque inappréciables.

100

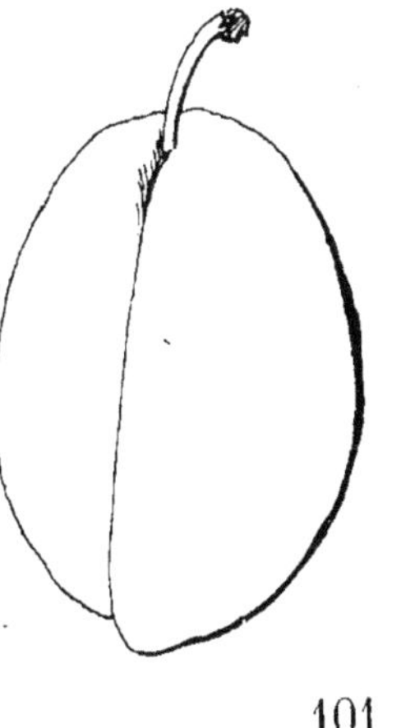

101

100. REINE-CLAUDE DU COMTE D'ALTHAN. 101. DIAMANT.

Peingeon, Del. Imp. Authier et Barbier. Bo

BONNET D'ÉVÊQUE

(BISCHOFFSMÜTZE)

[N° 102]

The Fruits and the fruit-trees of America. DOWNING.
The Fruit Manual. ROBERT HOGG.
Catalogue JAHN, de Meiningen. 1864.
Illustrirtes Handbuch der Obstkunde. KEINDL.

OBSERVATIONS. — D'après Keindl, ce fruit fut remis à Liegel par le Docteur Dorell, de Kuttemberg (Bohême), qui prétend qu'il fut obtenu par le Doyen Toply, qui lui imposa son nom bizarre. — L'arbre est bien vigoureux, d'une croissance très-vive et cependant d'une fertilité précoce; sa haute tige élève bien ses branches érigées et forme une belle tête conique. Variété à cultiver pour la spéculation. Elle est des plus rustiques, sa fécondité est prodigieuse, et son fruit, très-propre à sécher, est aussi de bonne consommation à son extrême maturité.

DESCRIPTION.

Rameaux de moyenne force, obscurément anguleux dans leur contour, un peu flexueux, à entre-nœuds très-courts, d'un brun noirâtre voilé par places d'une pellicule d'un gris terne, couverts sur presque toute leur longueur d'un duvet très-court et peu appréciable.

Boutons à bois petits, coniques, un peu épaissis à leur base, bien aigus, à direction peu écartée du rameau, soutenus sur des supports très-saillants et dont les côtés se prolongent assez distinctement; écailles presque noires, finement bordées de gris blanchâtre.

Pousses d'été d'un vert pâle à l'ombre, d'un rose violacé du côté du soleil, très-légèrement duveteuses à leur sommet remarquablement grêle.

Feuilles des pousses d'été moyennes, ovales-elliptiques, s'atténuant promptement pour se terminer brusquement en une pointe longue, creusées en gouttière, bordées de dents fines, régulières et arrondies, assez mal soutenues sur des pétioles courts, peu forts, bien flexibles et munis de deux petites glandes vertes, presque globuleuses.

Stipules de moyenne longueur, colorées de rouge et de jaune, duveteuses et divisées à leur base en deux lobes fins et bien distincts.

Boutons à fruit petits, conico-ovoïdes, aigus, réunis sur des dards un peu forts et plus ou moins courts ; écailles d'un marron rougeâtre foncé.

Fleurs moyennes ; pétales elliptiques bien élargis, se recouvrant entre eux, profondément dentés à leur sommet, concaves ; divisions du calice d'un vert vif, longues, étroites et aiguës ; pédicelles courts et peu forts.

Feuilles des productions fruitières petites, obovales, se terminant peu brusquement en une pointe courte, obtuse et contournée, quelquefois un peu concaves, très-régulièrement bordées de dents bien fines et aiguës, bien soutenues sur des pétioles extraordinairement courts, grêles et très-raides.

Caractère saillant de l'arbre : différence d'ampleur très-grande entre les feuilles des pousses d'été et celles des productions fruitières presque toujours contournées par leur pointe.

Fruit moyen, régulièrement ovoïde, de telle manière que ses joues offrent à peu près la même convexité que ses faces dont l'une est traversée par un sillon très-peu prononcé.

Peau un peu ferme, adhérente à la chair, d'abord d'un pourpre clair mélangé de verdâtre. A la maturité, **courant et fin de septembre**, ce pourpre devient très-foncé et se couvre d'une fleur épaisse d'un bleu violacé qui le cache entièrement. Point pistillaire jaune, placé à l'extrémité du sillon et à fleur de la pointe du fruit.

Queue de moyenne longueur, peu forte, attachée à fleur du sommet du fruit.

Chair verte, fine, ferme, succulente, ruisselante en jus sucré, vineux, rafraîchissant, très-agréablement parfumé, constituant un fruit de première qualité et qui gagne en saveur si on le laisse longtemps attaché à l'arbre où il se ride un peu et sans pourrir.

Noyau moyen, ellipsoïde bien comprimé, se terminant en une pointe courte, soit du côté du point d'attache à la queue, soit à son autre extrémité, à joues très-peu convexes, raboteuses et adhérentes à la chair ; suture ventrale très-étroitement sillonnée et profondément dentée par ses bords ; arête dorsale un peu saillante seulement vers le point d'attache à la queue ; rainures latérales très-peu profondes et à bords légèrement dentés.

QUETSCHE BLEUE DE RODT

(RODTS BLAUE ZWETSCHE)

[N° 103]

Systematische Anleitung zur Kenntniss der Pflaumen. LIEGEL.
Catalogue JAHN, de Meiningen. 1864.

OBSERVATIONS. — Cette variété aurait été obtenue par un M. Rodt, dont j'ignore les qualités. — L'arbre, de vigueur normale, forme une tête fastigiée et peu compacte. Il peut s'accommoder de la forme pyramidale, si l'on veut le soumettre à la taille. Sa fertilité est assez précoce et seulement moyenne. Son fruit est de bonne qualité pour sécher.

DESCRIPTION.

Rameaux de moyenne force, un peu anguleux dans leur contour, droits, à entre-nœuds courts, d'un brun jaunâtre du côté de l'ombre, d'un brun violet à peine voilé d'une pellicule fendillée à leur partie inférieure, d'un rouge lie de vin très foncé à leur partie supérieure, bien glabres et luisants sur toute leur longueur.

Boutons à bois moyens, coniques, courts, épais, obtus ou émoussés, à direction écartée du rameau, soutenus sur des supports bien saillants dont les côtés et l'arête médiane se prolongent assez distinctement ; écailles d un marron très-foncé et terne.

Pousses d'été d'un vert très-clair et un peu teinté de jaune, lavées de rouge vineux du côté du soleil et glabres sur toute leur longueur.

Feuilles des pousses d'été moyennes, obovales-elliptiques, se terminant un peu brusquement en une pointe courte, un peu concaves ou presque planes, bordées de dents un peu profondes, très-finement surdentées et peu aiguës, retombant sur des pétioles longs, un peu forts, cependant bien souples, glabres et munis de deux glandes globuleuses d'un vert très-clair.

Stipules moyennes, lancéolées, dentées et deux fois lobées à leur base.

Boutons à fruit moyens, conico-ovoïdes, allongés et aigus, réunis sur des dards peu longs et grêles ; écailles d'un marron rougeâtre terne.

Fleurs grandes ; pétales elliptiques-arrondis, concaves, se recouvrant un peu entre eux ; divisions du calice un peu longues, étroites et peu obtuses ; pédicelles de moyenne longueur, un peu forts et glabres.

Feuilles des productions fruitières assez petites, obovales-élargies, assez peu sensiblement atténuées vers le pétiole et obtuses à leur extrémité, largement et régulièrement creusées en gouttière et non arquées, bordées de dents fines, peu profondes, bien couchées et un peu aiguës, assez bien soutenues sur des pétioles de moyenne longueur et un peu grêles.

Caractère saillant de l'arbre : feuilles des pousses d'été d'un vert pré tendre et peu brillant, pendantes sur leurs pétioles remarquablement souples ; feuilles des productions fruitières d'un vert pré plus foncé et mat, largement et régulièrement creusées en gouttière et exactement obovales.

Fruit moyen, presque exactement ovoïde, régulièrement atténué et obtus du côté de la queue, sensiblement atténué et aigu du côté du point pistillaire, largement convexe par ses joues, convexe bien comprimé par une de ses faces et sensiblement plus convexe par la face opposée, traversée par un sillon seulement indiqué par la ligne de suture.

Peau un peu ferme, d'abord d'un pourpre clair, puis passant à la maturité, **commencement de septembre,** au pourpre plus intense, semé de petits points d'un jaune doré du côté du soleil et recouvert d'une fleur fine d'un bleu d'azur. Point pistillaire bien saillant, formant une pointe aiguë à la base du fruit.

Queue courte, grêle, attachée à fleur du fruit.

Chair verte, fine, consistante, abondante en jus sucré, vineux et acidulé.

Noyau gros pour le volume du fruit, ovoïde-allongé, élargi et aplati, peu atténué et presque aigu à son point d'attache à la queue, s'atténuant régulièrement à son autre extrémité en une pointe peu aiguë, à joues presque aplaties, chagrinées et adhérant à la chair ; suture ventrale imparfaitement sillonnée et à peine crénelée par ses bords ; arête dorsale très-peu épaisse, un peu tranchante du côté du point d'attache ; rainures latérales étroites et bien creusées.

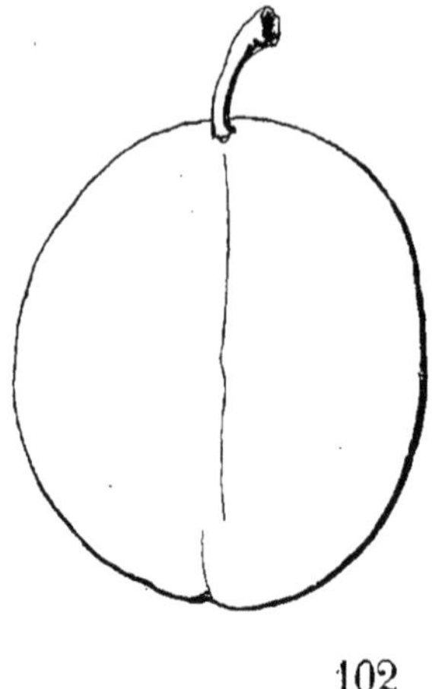

102

103

102. BONNET D'ÉVÊQUE. 103. QUETSCHE BLEUE DE RODT.

Peingeon, Del.

Imp. Authier et Barbier, Bourg.

QUETSCHE DE SIEBENBURG

(SIEBENBURGER ZWETSCHE)

[N° 104]

Systematisches Handbuch der Obstkunde. DITTRICH.
Systematische Anleitung zur kenntniss der Pflaumen. LIEGEL.
Pomologische Notizen. OBERDIECK.

OBSERVATIONS. — J'ai reçu cette variété de M. Oberdieck, et je ne trouve pas la couleur de son fruit conforme à celle indiquée par Dittrich, qui donne sa peau pour être d'un bleu noirâtre, tandis que je ne l'ai jamais vue arriver chez moi plus qu'au pourpre intense. Dittrich dit aussi qu'elle a plusieurs rapports de ressemblance avec la Quetsche commune. J'ai toujours remarqué son fruit comme plus gros et de forme moins allongée; il diffère aussi de celui de la Quetsche commune par l'adhérence de son noyau à la chair, et les deux arbres de ces variétés ne se ressemblent pas non plus par leur port et végétation. — L'arbre, à branches grêles, de végétation irrégulière, ne peut se prêter aux formes soumises à la taille et forme en haute tige une tête peu compacte. Sa fertilité est très-précoce et grande. Son fruit n'est propre qu'aux usages du ménage et convient surtout pour sécher.

DESCRIPTION.

Rameaux grêles, obscurément anguleux dans leur contour, un peu flexueux, à entre-nœuds assez courts, d'un beau rouge sanguin à leur partie supérieure, entièrement recouverts à leur partie inférieure d'une pellicule d'apparence métallique, glabres sur toute leur longueur.

Pousses d'été colorées de rouge clair et vif, entièrement glabres sur toute leur longueur.

Feuilles des pousses d'été à peine moyennes, obovales-arrondies, se terminant brusquement en une pointe large et peu longue, planes ou même un peu convexes, finement et régulièrement ondulées dans tout leur contour, bordées de dents peu larges, un peu profondes, peu aiguës ou émoussées, bien dressées sur des pétioles courts, grêles et bien raides, colorés d'un rouge clair, à peine duveteux et munis de deux très-petites glandes globuleuses jaunes, attachées exactement à la base du limbe.

Stipules moyennes, plus ou moins profondément laciniées sur toute leur longueur.

Boutons à fruit petits, coniques, aigus; écailles d'un marron sombre et terne.

Fleurs assez grandes; pétales elliptiques-arrondis, concaves; divisions du calice longues, étroites, presque aiguës; pédicelles assez courts, un peu forts et glabres.

Feuilles des productions fruitières de dimensions très-inégales, obovales un peu allongées, se terminant régulièrement en une pointe très-courte, à peine creusées en gouttière, bordées de dents fines, un peu profondes, recourbées et un peu aiguës, bien soutenues sur des pétioles courts, grêles et redressés.

Caractère saillant de l'arbre: teinte générale du feuillage, d'un vert très-clair et gai; feuilles des pousses d'été d'un vert blond, remarquablement planes ou même convexes et bien régulièrement ondulées.

Fruit gros, obovo-ellipsoïde, un peu plus atténué et peu tronqué du côté de la queue, bien obtus et un peu moins atténué du côté du point pistillaire, largement convexe par ses joues, très-largement convexe un peu comprimé par une de ses faces, et à peine un peu plus convexe par la face opposée souvent traversée par un sillon seulement indiqué.

Peau assez peu épaisse, d'abord d'un pourpre clair, puis passant à la maturité, **commencement de septembre**, au pourpre plus intense, très-finement pointillé de blanc et recouvert d'une fleur d'un bleu lilas et assez dense. Point pistillaire large, blanchâtre, attaché sur une élévation peu prononcée formée par l'extrémité du sillon.

Queue assez courte, forte, attachée dans une cavité étroite et un peu profonde.

Chair jaune, assez fine, devenant tendre et fondante à l'entière maturité, très-abondante en jus sucré et acidulé, mais sans parfum bien appréciable.

Noyau proportionné au volume du fruit, obovoïde, sensiblement atténué et à peine tronqué à son point d'attache à la queue, largement obtus à son autre extrémité surmontée d'une très-petite pointe, à joues peu bombées, bien raboteuses et ne se détachant pas de la chair; suture ventrale très-étroitement sillonnée sur la moitié de sa longueur, fermée sur l'autre moitié. crénelée par ses bords; arête dorsale épaisse, saillante, vivement tranchante du côté du point d'attache; rainures latérales larges et assez creusées.

MIRABELLE ROUGE

(ROTHE MIRABELLE)

[N° 105]

Beiträge zum Handbuch. CHRIST.
Systematisches Handbuch der Obstkunde. DITTRICH.
Illustrirtes Handbuch der Obstkunde. OBERDIECK.

OBSERVATIONS. — Dittrich dit que cette variété est probablement originaire de l'Allemagne du Sud. — L'arbre, de vigueur moyenne, peut s'accommoder des formes soumises à la taille, et abandonné à lui-même forme une tête pyramidale. Sa fertilité est précoce et grande. Quoique M. Oberdieck fasse assez peu de cas de son fruit, il est souvent, chez moi, de première qualité.

DESCRIPTION.

Rameaux grêles, unis ou presque unis dans leur contour, à peine flexueux, à entre-nœuds courts, d'un brun jaunâtre à l'ombre, d'un noir sombre et ombré de gris du côté du soleil, colorés de rouge rosat et à peine duveteux à leur partie supérieure, tandis que leur partie inférieure est presque glabre.

Boutons à bois petits, coniques un peu épais, aigus, à direction écartée du rameau, soutenus sur des supports peu saillants dont les côtés et l'arête médiane ne se prolongent pas ou très-peu distinctement ; écailles d'un marron noirâtre et terne.

Pousses d'été d'un vert très-pâle, lavées de rouge rosat du côté du soleil et couvertes sur toute leur longueur d'un duvet long et hérissé.

Feuilles des pousses d'été petites ou assez petites, elliptiques-arrondies, se terminant régulièrement en une pointe extraordinairement courte et fine, à peine repliées sur leur nervure médiane, peu arquées et parfois un peu contournées par leur extrémité, régulièrement et peu profondément crénelées et surcrénelées, assez peu soutenues sur des pétioles très-courts, grêles, presque horizontaux, duveteux et munis de deux petites glandes globuleuses jaunes.

Stipules vertes, un peu longues, lancéolées bien élargies, bien dressées, deux fois lobées à leur base.

Boutons à fruit très-petits, conico-ovoïdes, un peu renflés et aigus, réunis sur des dards courts et peu forts ; écailles d'un marron sombre.

Fleurs moyennes ; pétales arrondis-élargis, peu concaves, froncés sur l'onglet, se recouvrant entre eux ; divisions du calice courtes, un peu atténuées et un peu obtuses à leur extrémité ; pédicelles de moyenne longueur, grêles et à peine duveteux.

Feuilles des productions fruitières au moins aussi grandes que celles des pousses d'été, elliptiques-élargies ou elliptiques-arrondies, largement obtuses à leur extrémité, planes, bordées de dents peu profondes, un peu couchées et émoussées, assez bien soutenues sur des pétioles un peu courts et forts.

Caractère saillant de l'arbre : teinte générale du feuillage d'un vert herbacé mat ; toutes les feuilles plus ou moins petites et tendant à la forme arrondie ; pétioles des feuilles des pousses d'été remarquablement courts.

Fruit très-petit, presque exactement ellipsoïde, à peine un peu plus atténué du côté de la queue, et presque également obtus à ses deux extrémités, peu convexe par ses joues, également convexe par ses faces dont l'une est traversée par un sillon large et peu profond.

Peau très-fine, très-mince, d'abord d'un vert d'eau taché et pointillé de pourpre, puis passant à la maturité, **fin d'août,** au pourpre intense du côté du soleil, plus clair du côté de l'ombre, et recouvert d'une fleur fine, très-légère et d'un gris bleuâtre. Point pistillaire rougeâtre, un peu saillant dans un petit creux formé par la continuation du sillon.

Queue plus ou moins longue, très-grêle, attachée presque à fleur du fruit dans une cavité très-étroite et à peine sensible.

Chair jaunâtre, bien fine, fondante, abondante en jus bien sucré, vineux et parfumé.

Noyau proportionné au volume du fruit, ovoïde un peu allongé et épais, largement et un peu obliquement tronqué à son point d'attache à la queue, se terminant régulièrement à son autre extrémité en une pointe très-courte, à joues bien bombées, bien chagrinées et ne se détachant pas de la chair ; suture ventrale très-finement et peu profondément sillonnée, crénelée par ses bords d'une manière très-peu appréciable ; arête dorsale peu épaisse, à peine saillante et à peine tranchante seulement vers le point d'attache ; rainures latérales très-étroites et très-peu profondes.

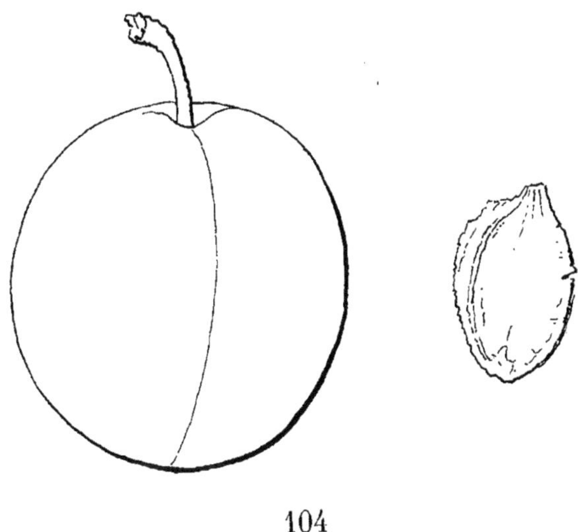

104

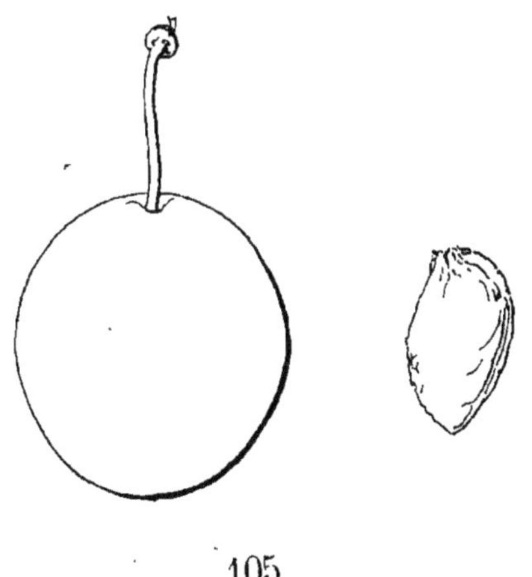

105

104. QUETSCHE DE SIEBENBURG. 105. MIRABELLE ROUGE.

Peingeon, Del. , Bourg

WETGERS DE BAVIÈRE

[N° 106]

Catalogue Augustin Wilhelm, de Clausen (Luxembourg).

Observations. — Cette variété, que je ne trouve décrite par aucun des pomologistes dont je possède les ouvrages, m'a été envoyée par M. Wilhelm, de Clausen (Luxembourg). Elle est certainement une des nombreuses formes de la Quetsche allemande, et une de celles qui méritent d'attirer l'attention des cultivateurs d'arbres fruitiers. — L'arbre, de vigueur normale, forme une tête bien élargie, s'étendant au loin et peu compacte. Sa fertilité est précoce, grande et soutenue. Son fruit doit être rangé parmi les meilleurs pour sécher et pour les usages de la cuisine.

DESCRIPTION.

Rameaux de moyenne force, unis dans leur contour, droits, à entre-nœuds courts, jaunâtres du côté de l'ombre, d'un brun rougeâtre peu foncé et presque entièrement voilé d'une pellicule gris de plomb du côté du soleil, glabres sur toute leur longueur.

Boutons à bois extraordinairement petits, extraordinairement courts, bien épaissis à leur base et très-courtement aigus à leur sommet, à direction écartée du rameau, soutenus sur des supports saillants dont les côtés et l'arête médiane ne se prolongent pas ; écailles d'un marron rougeâtre.

Pousses d'été d'un vert clair et vif, lavées de rouge violet du côté du soleil et bien glabres sur toute leur longueur.

Feuilles des pousses d'été grandes, ovales-allongées et peu larges, se terminant plus ou moins brusquement en une pointe longue et un peu large, peu repliées sur leur nervure médiane et à peine arquées, bordées de dents bien profondes, couchées et obtuses, soutenues horizontalement sur des pétioles longs, un peu forts, peu redressés et munis de deux très-petites glandes globuleuses.

Stipules longues, lancéolées, profondément dentées et profondément lobées.

Boutons à fruit petits, ovo-ellipsoïdes, maigres, allongés et aigus, réunis sur des dards plus ou moins courts et forts ; écailles d'un marron peu foncé.

Fleurs presque moyennes ; pétales ovales-allongés, dentés sur une partie de leur contour, étalés, écartés entre eux, teintés de rose vers l'onglet au moment le plus avancé de la floraison ; divisions du calice très-longues, très-étroites et à peine recourbées en dessous ; pédicelles courts et grêles.

Feuilles des productions fruitières moyennes, obovales-allongées, très-étroites, presque lancéolées, obtuses à leur extrémité, à peine repliées sur leur nervure médiane ou planes, bordées de dents assez fines, profondes et aiguës, peu soutenues sur des pétioles longs, grêles et divergents.

Caractère saillant de l'arbre : teinte générale du feuillage d'un vert clair et tendre ; toutes les feuilles plus ou moins allongées et très-sensiblement atténuées vers le pétiole ; tous les pétioles un peu souples.

Fruit assez gros, ovoïde, bien obtus du côté de la queue, s'atténuant assez sensiblement pour se terminer en une pointe peu obtuse du côté du point pistillaire, largement convexe par ses joues, très-largement convexe un peu comprimé par une de ses faces, beaucoup plus convexe par la face opposée, traversée par un sillon étroit et peu profond.

Peau ferme, d'abord d'un pourpre sombre, puis passant à la maturité, **fin d'août,** au pourpre brun bien foncé, finement pointillé de blanc du côté du soleil et recouvert d'une fleur bien épaisse. Point pistillaire grisâtre ou rougeâtre, un peu saillant à l'extrémité du sillon.

Queue de moyenne longueur, un peu forte, attachée dans une cavité très-étroite et très-peu profonde.

Chair jaunâtre, ferme, peu abondante en jus bien sucré et un peu acidulé.

Noyau un peu gros pour le volume du fruit, ovoïde bien élargi et bien comprimé, peu atténué et assez largement tronqué à son point d'attache à la queue, très-largement obtus à son autre extrémité brusquement surmontée d'une pointe courte, à joues très-peu bombées, peu plissées vers le point d'attache, bien raboteuses et se détachant parfaitement de la chair ; suture ventrale étroitement et très-profondément sillonnée, crénelée par ses bords ; arête dorsale très-épaisse, très-saillante et cependant aplanie sur la plus grande partie de sa longueur ; rainures latérales étroites et bien creusées.

DAMAS DE DOCHNAHL

(DOCHNAHLS DAMASCENE)

[N° 107]

Systematische Anleitung zur Kenntniss der Pflaumen. LIEGEL.
Catalogue JAHN, de Meiningen. 1864.

OBSERVATIONS. — Cette variété est un gain de M. Liegel, qui la dédia au célèbre pomologiste allemand Dochnahl. — L'arbre, de grande vigueur, forme une tête élevée, conique-renversée. Sa fertilité est assez précoce, bonne, mais interrompue par des alternats sensibles. Son fruit est surtout propre à être séché, et se distingue par sa précocité entre ceux de cette classe.

DESCRIPTION.

Rameaux de moyenne force, unis dans leur contour, droits, à entre-nœuds très-courts, d'un brun vineux sombre et presque noir du côté du soleil, couverts sur toute leur longueur d'un duvet très-court et un peu épais.

Boutons à bois très-petits, coniques, courts et courtement aigus, parallèles ou appliqués au rameau, soutenus sur des supports très-saillants dont les côtés et l'arête médiane ne se prolongent pas ; écailles d'un marron noirâtre terne.

Pousses d'été d'un vert pâle, lavées de rouge rosat du côté du soleil et couvertes sur toute leur longueur d'un duvet hérissé.

Feuilles des pousses d'été grandes, elliptiques-arrondies, se terminant régulièrement en une pointe arrondie, à peine repliées sur leur nervure médiane et un peu arquées, bordées de dents extraordinairement larges, très-profondes, surdentées et obtuses, assez bien soutenues sur des pétioles de moyenne longueur, forts, peu redressés, peu duveteux et munis de deux très-grosses glandes verdâtres.

Stipules courtes, fines, une fois et finement lobées à leur base.

Boutons à fruit très-petits, conico-ovoïdes, courtement aigus, réunis sur des dards courts et un peu forts ; écailles d'un marron foncé.

Fleurs.........

Feuilles des productions fruitières moyennes, obovales-allongées, sensiblement et souvent brusquement atténuées vers le pétiole, obtuses à leur extrémité, planes ou presque planes, bordées de dents profondes et aiguës, assez peu soutenues sur des pétioles longs, un peu forts et souples.

Caractère saillant de l'arbre : feuilles des pousses d'été d'un vert vif et brillant ; feuilles des productions fruitières d'un vert plus intense et moins brillant ; feuilles des pousses d'été bien amples, tendant à la forme arrondie et bordées de dents extraordinairement larges et profondes.

Fruit moyen ou assez gros, ovoïde plus ou moins court et épais, épaissi et largement tronqué du côté de la queue, s'atténuant assez sensiblement pour devenir cependant bien obtus vers le point pistillaire, largement convexe par ses joues, convexe un peu comprimé par une de ses faces, et bien plus convexe par la face opposée traversée par un sillon étroit et très-peu prononcé.

Peau assez fine, d'un pourpre clair, puis passant à la maturité, **commencement et milieu d'août,** au pourpre plus foncé et recouvert d'une fleur violette. Point pistillaire petit, d'un jaune rougeâtre, fixé dans une petite dépression à l'extrémité du sillon.

Queue un peu longue, grêle, attachée dans une cavité assez étroite et profonde.

Chair d'un blanc jaunâtre parfois un peu teinté de rouge, un peu ferme, peu abondante en jus sucré, acidulé et peu parfumé.

Noyau proportionné au volume du fruit, irrégulièrement ellipsoïde, se terminant très-brusquement à son point d'attache à la queue en une pointe courte et tellement déjetée de côté qu'elle semble continuer presque perpendiculairement la suture ventrale, très-largement obtus à son autre extrémité, à joues un peu bombées, à peine plissées vers le point d'attache, bien raboteuses et ne se détachant pas très-bien de la chair ; suture ventrale étroitement sillonnée, irrégulièrement et peu profondément crénelée par ses bords ; arête dorsale épaisse, bien saillante surtout vers le point d'attache, tranchante sur presque toute sa longueur ; rainures latérales peu larges et peu profondes.

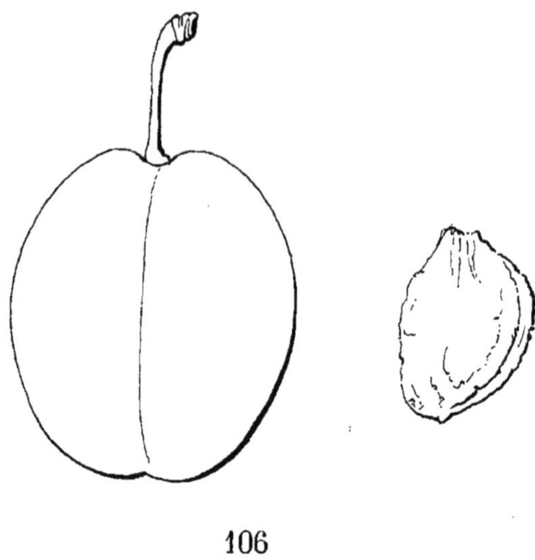

106

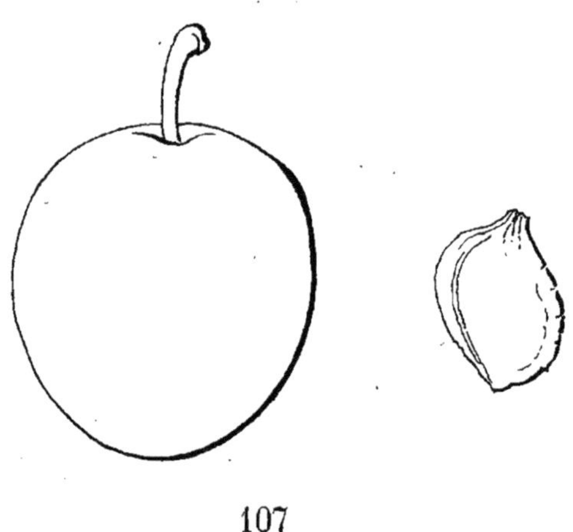

107

106. WETGERS DE BAVIÈRE. 107. DAMAS DE DOCHNAHL.

'eingeon. Del

Imp. Authier et Barbier. Bourg.

QUETSCHE DE DONAUER

(DONAUERS ZWETSCHE)

[N° 108]

Systematische Anleitung zur Kenntniss der Pflaumen. Liegel.
Catalogue Jahn, de Meiningen. 1864.

Observations. — Cette variété porte probablement le nom de son obtenteur. Elle constitue une des nombreuses formes de la Quetsche allemande; elle s'en distingue peut-être par une maturité un peu plus hâtive et par la différence de sa végétation. — L'arbre, de vigueur moyenne, forme une tête fastigiée et un peu compacte. Sa fertilité est assez précoce et seulement moyenne. Son fruit est de bonne qualité pour sécher.

DESCRIPTION.

Rameaux assez grêles, presque unis ou très-finement anguleux dans leur contour, presque droits, à entre-nœuds de moyenne longueur ou assez courts, d'un rouge sanguin peu foncé et à peine voilé d'une pellicule du côté du soleil, glabres sur toute leur longueur.

Boutons à bois assez gros, épaissis à leur base et finement aigus à leur extrémité, à direction écartée du rameau, soutenus sur des supports saillants dont les côtés et l'arête médiane ne se prolongent pas ou seulement très-finement; écailles d'un marron rougeâtre un peu brillant.

Pousses d'été d'un vert très-clair, à peine lavées de rouge du côté du soleil et glabres sur toute leur longueur.

Feuilles des pousses d'été moyennes ou assez petites, ovales-arrondies, se terminant brusquement en une pointe un peu longue et aiguë, le plus souvent convexes, bordées de dents très-profondes, très-profondément et finement surdentées et extraordinairement aiguës, soutenues horizontalement sur des pétioles très-courts, grêles, glabres, redressés et munis de deux glandes globuleuses vertes.

Stipules assez longues, fines, deux fois et très-finement lobées à leur base.

Boutons à fruit très-petits, conico-ovoïdes, aigus, réunis sur des dards assez courts et très-grêles ; écailles d'un marron rougeâtre brillant.

Fleurs presque moyennes, souvent semi-doubles ; pétales elliptiques-allongés, peu larges, à peine concaves, teintés de jaune verdâtre à leur sommet ; divisions du calice très-longues, très-étroites et aiguës ; pédicelles de moyenne longueur, très-grêles et glabres.

Feuilles des productions fruitières petites, ovales-allongées, presque également atténuées à leurs deux extrémités, obtuses, planes ou presque planes et souvent bien arquées, bordées de dents fines, un peu profondes et aiguës, se recourbant sur des pétioles très-courts et très-grêles.

Caractère saillant de l'arbre : feuilles des pousses d'été d'un beau vert vif et brillant ; feuilles des productions fruitières d'un vert décidé et cependant mat ; serrature de toutes les feuilles composée de dents extraordinairement profondes, fines et aiguës ; tous les pétioles très-courts et grêles.

Fruit presque moyen, presque ellipsoïde, peu atténué et à peine tronqué du côté de la queue, à peine un peu plus atténué et obliquement obtus du côté du point pistillaire, peu convexe par ses joues, largement convexe-comprimé par une de ses faces, plus convexe par la face opposée traversée par un sillon large et très peu profond qui la partage ordinairement en deux parties sensiblement inégales.

Peau ferme, d'abord d'un pourpre intense, puis passant à la maturité, **commencement de septembre,** au pourpre brun, presque noir et recouvert d'une fleur bleue, épaisse et adhérente. Point pistillaire très-petit, blanchâtre, attaché à fleur de la pointe oblique du fruit.

Queue de moyenne longueur, grêle, attachée dans une cavité très-étroite et peu profonde.

Chair d'un jaune verdâtre, fine, tassée, ferme, peu abondante en jus sucré et acidulé.

Noyau proportionné au volume du fruit, irrégulièrement ovo-ellipsoïde, un peu atténué, courbé et tronqué à son point d'attache à la queue, se terminant régulièrement à son autre extrémité en une pointe aiguë, à joues très-peu bombées, raboteuses et se détachant de la chair ; suture ventrale étroitement et peu profondément sillonnée, finement crénelée par ses bords ; arête dorsale peu épaisse, bien saillante et bien tranchante sur la moitié de sa longueur et du côté du point d'attache, aplanie sur le reste de son étendue ; rainures latérales étroites et peu profondes.

REINE-CLAUDE HATIVE DE CHONET

[N° 109]

Catalogue Augustin Wilhelm, de Clausen (Luxembourg).

Observations.— J'ai reçu cette variété de M. Wilhelm, pépiniériste à Clausen (Luxembourg), et il ne donne dans son Catalogue aucun renseignement sur son origine. Elle est toutefois bien différente des autres variétés de Reine-Claude qualifiées de hâtives. — L'arbre, de bonne vigueur, forme une tête sphérique-déprimée, s'étendant au loin et d'une tenue un peu irrégulière. Sa fertilité est précoce. bonne et soutenue. Son fruit est de bonne qualité.

DESCRIPTION.

Rameaux de moyenne force, assez distinctement anguleux dans leur contour, droits, à entre-nœuds de moyenne longueur, d'un brun jaunâtre du côté de l'ombre, d'un brun rougeâtre intense et en grande partie voilé d'une pellicule gris de fer du côté du soleil, glabres sur toute leur longueur.

Boutons à bois moyens, coniques, bien aigus, à direction écartée du rameau, soutenus sur des supports bien saillants dont les côtés et l'arête médiane se prolongent plus ou moins distinctement ; écailles d'un marron peu foncé et terne.

Pousses d'été d'un vert vif, lavées de rouge brun du côté du soleil et glabres sur toute leur longueur.

Feuilles des pousses d'été moyennes ou assez grandes, obovales largement arrondies ou obovales-élargies, très-brusquement et très-courtement atténuées vers le pétiole, se terminant presque régulièrement en une pointe peu aiguë, un peu concaves ou un peu convexes, largement et peu profondément crénelées et sur-crénelées, s'abaissant sur des pétioles courts, un peu forts, un peu souples, à peine duveteux et munis de deux glandes globuleuses vertes.

Stipules moyennes, lancéolées-élargies, le plus souvent deux fois lobées à leur base.

Boutons à fruit moyens, coniques, aigus, réunis sur des dards très-courts et forts; écailles d'un marron foncé et un peu brillant.

Fleurs petites; pétales elliptiques un peu élargis, un peu écartés entre eux, peu concaves, quelquefois dentés à leur sommet; divisions du calice longues, étroites et obtuses à leur extrémité; pédicelles courts, grêles et glabres.

Feuilles des productions fruitières assez petites, obovales plus ou moins élargies, courtement et sensiblement atténuées vers le pétiole, peu obtuses à leur extrémité, un peu concaves ou presque planes, bordées de dents fines, peu profondes et un peu aiguës, soutenues sur des pétioles très-courts et peu forts.

Caractère saillant de l'arbre : teinte générale du feuillage d'un vert pré peu intense et mat; toutes les feuilles plus ou moins élargies, très-brusquement, courtement et sensiblement atténuées vers le pétiole, garnies d'une serrature peu profonde.

Fruit gros, sphérico-obovoïde, très-largement tronqué du côté de la queue, se terminant à son autre extrémité en une pointe très-obtuse, largement convexe par ses joues, également convexe par ses faces dont l'une est partagée par un sillon très-peu prononcé en deux parties tellement inégales entre elles que le plus souvent il parait se terminer un peu obliquement vers le point pistillaire.

Peau fine, mince, se détachant de la chair, d'abord d'un vert d'eau très-clair, puis passant à la maturité, **fin de juillet et commencement d'août,** au vert jaunâtre souvent largement recouvert, sur les fruits bien exposés, d'un rouge sanguin qui décroit en un pointillé fin sur les parties moins éclairées, et qui est voilé d'une fleur fine d'un rose lilas. Point pistillaire très-petit, jaunâtre, peu apparent, placé à l'extrémité du sillon et à fleur de la pointe du fruit.

Queue assez courte, peu forte, attachée dans une cavité très-étroite et peu profonde.

Chair d'un jaune clair, fine, tendre, entièrement fondante, abondante en jus sucré, relevé d'un parfum de musc peu prononcé et agréable.

Noyau petit pour le volume du fruit, irrégulièrement ellipsoïde-comprimé, tronqué obliquement et sur une très-petite étendue à son point d'attache à la queue, largement arrondi à son autre extrémité, à joues à peine convexes, raboteuses, un peu plissées vers le point d'attache, se détachant bien de la chair; suture ventrale un peu saillante, à bords tranchants et très-finement crénelés, étroitement et assez profondément sillonnée; arête dorsale épaisse, bien saillante et bien tranchante par sa partie moyenne; rainures latérales étroites et prononcées.

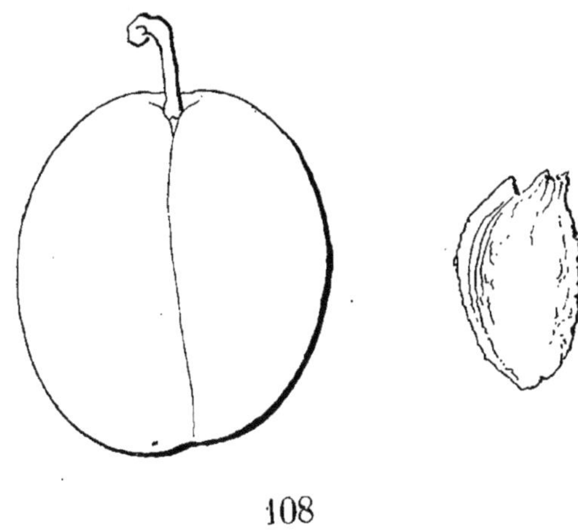

108

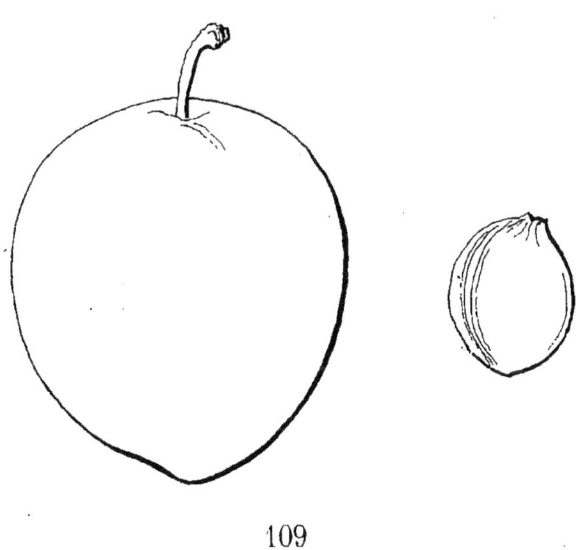

109

108. QUETSCHE DE DONAUER. 109. REINE-CLAUDE HATIVE DE CHONET.

Peingeon, Del. Imp. Authier et Barbier

DES BÉJONNIÈRES

[N° 110]

Catalogue Galopin, de Liège.
Catalogue Simon-Louis, de Metz.
BEJONNIÈRES. *The Fruits and the fruit-trees of America.* Downing.

Observations. — Cette variété est annoncée, sans indication d'origine, dans l'ouvrage de Downing et dans les Catalogues cités. Serait-elle d'origine belge? Je n'ai pu trouver aucun renseignement sur le lieu de sa naissance. — L'arbre, de vigueur normale, forme une tête un peu compacte et de bonne tenue. Sa fertilité est assez précoce, seulement moyenne et interrompue par des alternats complets. Son fruit est d'assez bonne qualité.

DESCRIPTION.

Rameaux de moyenne force, unis dans leur contour, droits, à entre-nœuds très-courts, d'un brun jaunâtre du côté de l'ombre, d'un brun rougeâtre presque entièrement voilé d'une pellicule gris de plomb du côté du soleil, couverts à leur partie inférieure d'un duvet extraordinairement court et presque imperceptible, glabres à leur partie supérieure.

Boutons à bois petits, coniques, courts, épais et émoussés, à direction très-peu écartée du rameau, soutenus sur des supports saillants dont l'arête médiane ne se prolonge pas ; écailles d'un marron noirâtre terne.

Pousses d'été d'un vert pâle, lavées de rouge rosat du côté du soleil et un peu duveteuses à leur partie inférieure.

Feuilles des pousses d'été petites, obovales-élargies, se terminant régulièrement en une pointe obtuse, à peine repliées sur leur nervure médiane, un peu arquées, largement ondulées dans leur contour, bordées de dents très-profondes, plusieurs fois surdentées et obtuses, soutenues horizontalement sur des pétioles très-courts, très-forts, horizontaux, un peu duveteux et munis de deux très-petites glandes globuleuses vertes.

Stipules courtes, régulièrement lancéolées, à peine dentées et le plus souvent une seule fois lobées à leur base.

Boutons à fruit très-petits, conico-ovoïdes, courts et courtement aigus; écailles d'un marron foncé.

Fleurs très-petites; pétales elliptiques, tronqués et dentés à leur sommet, un peu lavés de jaune, presque planes; divisions du calice un peu longues, non atténuées et obtuses à leur extrémité; pédicelles de moyenne longueur et très-grêles.

Feuilles des productions fruitières petites, obovales-allongées, peu sensiblement atténuées vers le pétiole, obtuses à leur extrémité, largement creusées en gouttière et un peu arquées, bordées de dents peu profondes, un peu recourbées et peu aiguës, soutenues sur des pétioles un peu longs et de moyenne force.

Caractère saillant de l'arbre : teinte générale du feuillage d'un vert pré assez intense et un peu brillant; feuilles des pousses d'été très-élargies, remarquablement ondulées, garnies d'une serrature très-profonde et soutenues sur des pétioles très-courts et très-forts.

Fruit moyen ou presque moyen, ovoïde un peu court et épais, un peu tronqué à son point d'attache à la queue, bien obtus à son autre extrémité, à joues largement convexes, également convexe par ses faces dont l'une est traversée un peu obliquement par un sillon le plus souvent seulement indiqué.

Peau un peu ferme, d'abord d'un vert très-clair, puis à la maturité, **fin d'août**, passant au jaune doré taché de rouge cerise et sur lequel ressortent un peu de très-petits points jaunes. Une fleur blanche, peu dense, recouvre la surface du fruit et prend un ton lilas sur le rouge. Point pistillaire large, jaunâtre, attaché à fleur de la pointe du fruit à l'extrémité du sillon.

Queue de moyenne longueur, grêle, attachée dans une cavité très-étroite et très-peu profonde.

Chair d'un jaune clair, fine, serrée, un peu ferme, suffisante en jus sucré, acidulé et assez agréablement relevé.

Noyau petit pour le volume du fruit, ovoïde, un peu épais, brusquement et courtement atténué et à peine tronqué à son point d'attache à la queue, se terminant régulièrement à son autre extrémité en une pointe courte et bien aiguë, à joues bien bombées, à peine plissées vers le point d'attache, peu raboteuses et se détachant parfaitement de la chair; suture ventrale étroitement et peu profondément sillonnée, un peu crénelée par ses bords; arête dorsale peu épaisse, peu saillante, un peu tranchante seulement vers le point d'attache; rainures latérales très-finement et très-peu profondément creusées.

TRIOMPHE DE FANSON

[N° 111]

Catalogue Simon-Louis, de Metz.

Observations. — J'ai reçu cette variété de MM. Simon-Louis et sans indication d'origine. Elle appartient à la classe des Quetsches. — L'arbre, de bonne vigueur, forme une tête sphérique, peu compacte. Sa fertilité est assez précoce et bonne, mais interrompue par des alternats complets. Son fruit, bon pour la table, est de toute première qualité pour sécher.

DESCRIPTION.

Rameaux forts, unis dans leur contour, droits, à entre-nœuds assez courts, d'un brun jaunâtre du côté de l'ombre, d'un brun rougeâtre presque entièrement recouvert d'une pellicule gris de plomb du côté du soleil, glabres sur toute leur longueur.

Boutons à bois petits, coniques, un peu maigres, bien aigus, à direction parallèle au rameau, soutenus sur des supports bien saillants dont les côtés et l'arête médiane ne se prolongent pas; écailles d'un marron rougeâtre foncé.

Pousses d'été d'un vert intense et vif, colorées d'un beau rouge violet du côté du soleil et glabres sur toute leur longueur.

Feuilles des pousses d'été moyennes, ovales-allongées, se terminant un peu brusquement en une pointe longue et étroite, bien creusées en gouttière, très-légèrement ondulées et un peu arquées, bordées de dents extraordinairement profondes, plusieurs fois et finement surdentées et émoussées, s'abaissant sur des pétioles de moyenne longueur, de moyenne force, horizontaux, un peu souples, glabres et munis de deux glandes verdâtres pédicellées.

Stipules très-longues, finement laciniées plutôt que dentées et profondément lobées à leur base.

Boutons à fruit petits, conico-ovoïdes, aigus, réunis sur des dards courts et un peu forts ; écailles d'un marron rougeâtre foncé.

Fleurs petites ; pétales obovales, peu concaves, écartés entre eux, très-finement dentés et tachés de jaune à leur sommet ; divisions du calice très-longues, étroites et presque aiguës à leur extrémité ; pédicelles un peu longs, très-grêles et glabres.

Feuilles des productions fruitières moyennes, obovales-lancéolées ou obovales un peu élargies, peu atténuées vers le pétiole et un peu obtuses à leur extrémité, un peu concaves et souvent contournées sur leur longueur, bordées de dents très-profondes et un peu aiguës, s'abaissant sur des pétioles de moyenne longueur, de moyenne force et souples.

Caractère saillant de l'arbre : feuilles des pousses d'été d'un vert pré très-vif et brillant, garnies d'une serrature remarquablement profonde, plusieurs fois surdentées et si légèrement ondulées dans leur contour qu'elles paraissent comme frisées d'une manière vraiment caractéristique ; feuilles des productions fruitières d'un vert plus intense et mat.

Fruit moyen, ovoïde, un peu atténué et bien obtus du côté de la queue, bien plus atténué et peu obtus ou presque aigu du côté du point pistillaire, largement convexe par ses joues, convexe un peu comprimé par une de ses faces, sensiblement plus convexe par la face opposée traversée par un sillon un peu large et un peu creusé.

Peau un peu ferme, d'abord d'un pourpre intense, puis à la maturité, **commencement de septembre,** passant au pourpre noir très-finement pointillé de blanc et recouvert d'une fleur bleue, épaisse et bien adhérente. Point pistillaire petit, rougeâtre, souvent un peu saillant à l'extrémité du sillon.

Queue longue, grêle, ordinairement courbée, attachée presque à fleur du fruit dans une cavité très-étroite et très-peu profonde.

Chair jaunâtre, fine, ferme, abondante en jus richement sucré, acidulé et relevé.

Noyau proportionné au volume du fruit, ovoïde-allongé, un peu atténué et obliquement tronqué à son point d'attache à la queue, obtus à son autre extrémité, à joues très-peu bombées, un peu comprimées, traversées sur toute leur longueur par un pli peu saillant, un peu raboteuses et se détachant de la chair ; suture ventrale largement et profondément sillonnée, presque unie par ses bords ; arête dorsale bien épaisse, saillante et tranchante sur toute sa longueur ; rainures latérales étroites et peu creusées.

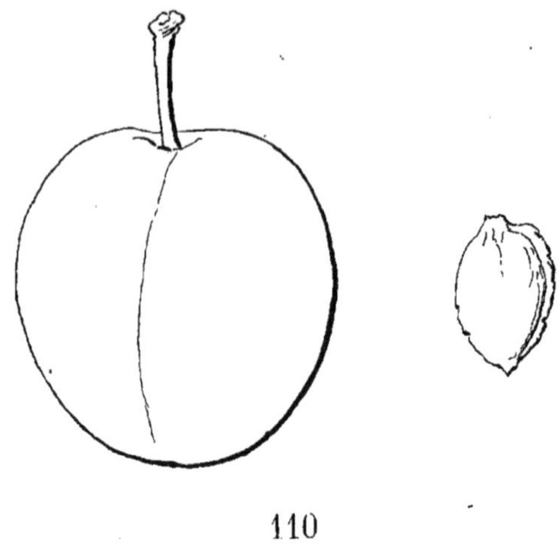

110

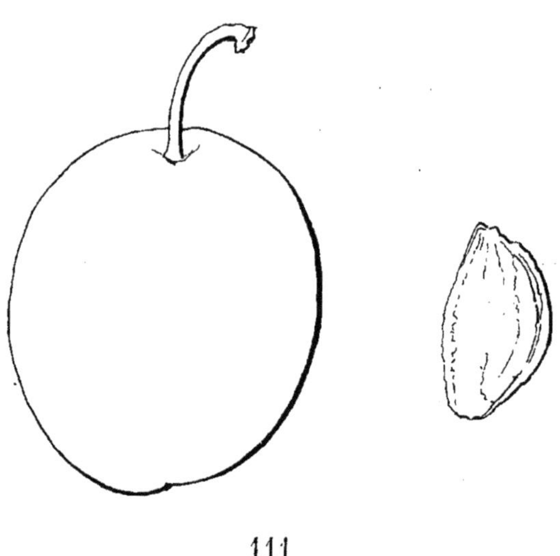

111

110 DES BÉJONNIÈRES. 111. TRIOMPHE DE FANSON.

Peingeon, Del.

Imp. Authier et Barbier, Bourg.

VERDACHE

[N° 112]

Catalogue Simon-Louis, de Metz.

Observations. — J'ai reçu cette variété de MM. Simon-Louis, et le nom qu'elle porte lui a sans doute été donné pour exprimer l'aspect de son fruit dont le vert est la couleur dominante. — L'arbre, de vigueur normale, forme une tête conique-renversée et assez compacte. Sa fertilité se fait un peu attendre, elle devient ensuite moyenne et succède à des alternats complets. Son fruit, agréable cru, est de toute première qualité pour les usages de la confiserie pour lesquels il peut suppléer, et même avec avantage, à la Petite Mirabelle.

DESCRIPTION.

Rameaux grêles, finement anguleux dans leur contour, presque droits, à entre-nœuds courts, jaunâtres du côté de l'ombre, d'un rouge sanguin intense, brillant et à peine voilé d'une pellicule mince du côté du soleil, bien glabres et luisants sur toute leur longueur.

Boutons à bois assez petits, coniques-allongés, bien aigus, à direction écartées du rameau, soutenus sur des supports assez peu saillants dont l'arête médiane se prolonge finement et cependant assez distinctement ; écailles d'un marron rougeâtre très-foncé, presque noir.

Pousses d'été d'un vert très-clair, lavées de rouge sanguin du côté du soleil et entièrement glabres sur toute leur longueur.

Feuilles des pousses d'été petites, un peu obovales, se terminant régulièrement en une pointe très-courte, très-largement creusées en gouttière et à peine arquées, ondulées dans leur contour, assez profondément crénelées plutôt que dentées, bien soutenues sur des pétioles courts, grêles et bien redressés ; deux très-petites glandes réniformes jaunes sont attachées à la base du limbe.

Stipules d'un jaune clair, courtes, très-fines, très-profondément et finement lobées à leur base, bien caduques.

Boutons à fruit petits, conico-ovoïdes, bien aigus, réunis sur des dards courts et grêles ; écailles d'un marron rougeâtre foncé.

Fleurs petites ; pétales ovales-elliptiques, peu larges, écartés entre eux, à peine concaves ; divisions du calice étroites et aiguës ; pédicelles longs, extraordinairement grêles et glabres.

Feuilles des productions fruitières très-petites, obovales-lancéolées et étroites, se terminant régulièrement en une pointe peu aiguë, planes ou même un peu convexes, bordées de dents assez peu profondes, bien couchées et un peu aiguës, bien soutenues sur des pétioles assez courts, très-grêles et cependant raides.

Caractère saillant de l'arbre : teinte générale du feuillage d'un vert tendre et assez peu brillant ; toutes les feuilles remarquablement petites ; tous les pétioles bien grêles et cependant bien raides ; tous les rameaux fluets et allongés.

Fruit petit, obovoïde un peu allongé, bien atténué et se terminant brusquement en un très-petit mamelon du côté de la queue, obtus à son autre extrémité, largement convexe par ses joues, également convexe par une de ses faces, et sensiblement plus convexe par la face opposée traversée par un sillon seulement indiqué par une ligne de suture.

Peau mince et cependant un peu ferme, d'abord d'un vert très-clair, puis à la maturité, **commencement de septembre,** passant au jaune parfois taché de pourpre du côté du soleil et voilé d'une fleur blanche, très-fine et très peu dense. Point pistillaire très petit, roussâtre, à peine un peu saillant à l'extrémité du sillon.

Queue longue, très-grêle, attachée à fleur du petit mamelon qui surmonte le fruit.

Chair d'un jaune clair, très-fine, ferme, suffisante en jus richement sucré et délicatement parfumé.

Noyau proportionné au volume du fruit, obovoïde-allongé, étroit et un peu comprimé, longuement et sensiblement atténué et presque aigu à son point d'attache à la queue, s'atténuant régulièrement à son autre extrémité en une très-petite pointe, à joues à peine bombées, très-finement chagrinées et adhérant à la chair ; suture ventrale très-étroitement et très-peu profondément sillonnée, unie par ses bords ; arête dorsale un peu épaisse, non saillante, à peine tranchante vers le point d'attache et aplanie sur le reste de sa longueur ; rainures latérales extraordinairement fines.

BELLE DE SCHŒNEBERG

(SCHÖNE VON SCHOENEBERG)

[N° 113]

Illustrirtes Handbuch der Obstkunde. Jahn.
Catalogue Napoléon Baumann, de Bollwiller.
ROTHGEFLECHTE GOLDPFLAUME. *Belgique horticole.*

Observations. — M. Jahn dit qu'il reçut cette variété de Liegel, sous le nom de Rothgeflechte Goldpflaume, mais sans description et sans indication d'origine. Je ne puis donc rester que dans l'incertitude sur le lieu de sa naissance ; car si l'un de ces noms semble indiquer qu'elle est originaire des environs d'une ville du nom de Schœneberg, ce nom est celui de sept villes différentes dont deux appartiennent à la Prusse. et les cinq autres sont situées dans le Tyrol, l'Autriche, le Danemark, le Mecklembourg et la Saxe. M. Napoléon Baumann, dans son Catalogue, fait suivre le nom de cette variété du mot Storch. Serait-ce le nom de celui qui l'a obtenue ? — L'arbre, de vigueur normale, de végétation irrégulière, forme une tête élargie, à branches divergentes et peu compacte. Sa fertilité est assez précoce et seulement moyenne. Son fruit, de la plus jolie apparence, est aussi de première qualité.

DESCRIPTION.

Rameaux assez forts, unis dans leur contour, droits, à entre-nœuds courts, d'un rouge vineux intense, à peine ou non voilés d'une pellicule, couverts sur toute leur longueur d'un duvet très-court et peu épais.

Boutons à bois petits, coniques, courts, très-courtement aigus ou émoussés, à direction peu écartée du rameau, soutenus sur des supports assez peu saillants dont les côtés et l'arête médiane ne se prolongent pas ; écailles d'un marron rougeâtre foncé et un peu brillant.

Pousses d'été d'un vert clair et vif, à peine lavées de rouge sanguin du côté du soleil et à peine duveteuses.

Feuilles des pousses d'été moyennes, elliptiques-arrondies, se terminant régulièrement en une pointe extraordinairement courte ou nulle, à peine concaves ou presque planes, même souvent un peu convexes, peu arquées, bordées de dents bien profondes, surdentées et bien obtuses, s'abaissant peu sur des pétioles courts, peu forts, glabres et presque horizontaux ; deux très-petites glandes globuleuses jaunes sont attachées à la base du limbe.

Stipules très-courtes, lancéolées, entières et une seule fois lobées à leur base.

Boutons à fruit très-petits, courts, ovoïdes, courtement aigus, réunis sur des dards courts et peu forts ; écailles d'un marron rougeâtre peu foncé.

Fleurs moyennes ; pétales elliptiques-arrondis, peu concaves, un peu teintés de jaune à leur sommet, se touchant entre eux ; divisions du calice longues, peu atténuées et obtuses à leur extrémité ; pédicelles de moyenne longueur, un peu forts et glabres.

Feuilles des productions fruitières petites, ovales, brusquement et très-courtement atténuées vers le pétiole, se terminant régulièrement en une pointe extraordinairement courte ou presque nulle, un peu concaves, bordées de dents larges, profondes, surdentées et bien obtuses, bien soutenues sur des pétioles très-courts, peu forts et fermes.

Caractère saillant de l'arbre : teinte générale du feuillage d'un vert herbacé vif et un peu brillant ; feuilles des pousses d'été tendant bien à la forme arrondie ; toutes les feuilles bordées de dents larges, profondes, surdentées et bien obtuses.

Fruit moyen, sphérique bien déprimé à ses deux pôles, bien épaissi et largement tronqué du côté de la queue, un peu plus atténué et moins largement tronqué du côté du point pistillaire, bien convexe par ses joues, également convexe par ses faces dont l'une à peine comprimée est traversée par un sillon étroit et peu profond.

Peau fine, mince, d'abord d'un vert pâle, puis passant à la maturité, **milieu d'août**, au jaune doré, marbré et taché ou parfois entièrement recouvert d'un rouge cerise vif et voilé d'une fleur très-fine, de couleur lilas ; le tout disposé de manière à produire le plus joli aspect. Point pistillaire placé dans une dépression très-évasée à l'extrémité du sillon.

Queue de moyenne longueur, de moyenne force, attachée dans une cavité très-peu profonde et bien évasée.

Chair d'un jaune intense, fine, tendre et cependant un peu croquante, abondante en jus richement sucré et relevé d'un parfum d'abricot très-agréable.

Noyau proportionné au volume du fruit, obovoïde, court et épais, régulièrement atténué et presque aigu à son point d'attache à la queue, largement obtus ou tronqué à son autre extrémité surmontée d'une très-petite pointe bien aiguë, à joues bien bombées, traversées sur toute leur hauteur par un pli bien saillant, bien raboteuses et se détachant de la chair ; suture ventrale largement et profondément sillonnée, unie par ses bords ; arête dorsale épaisse, saillante et bien tranchante sur toute sa longueur ; rainures latérales larges et profondes.

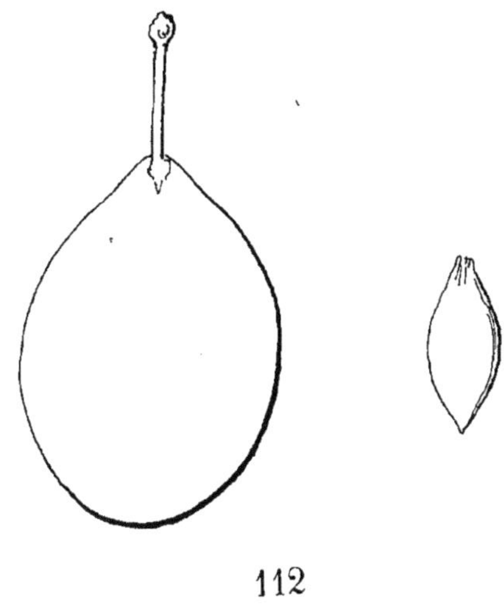

112

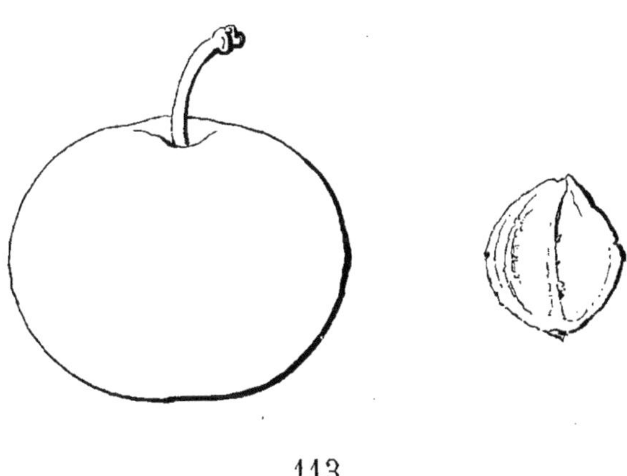

113

112. VERDACHE. 113. BELLE DE SCHŒNEBERG.

Peingeon, Del. Imp. Authier et Barbier, Bou

TARDIVE DE GÊNES

[N° 114]

Catalogue Simon-Louis, de Metz.

Observations. — Le nom de cette variété indique probablement son origine. — L'arbre, de vigueur moyenne, ne s'accommode pas des formes régulières, sa haute tige forme une tête élargie, à branches recourbées. Sa fertilité, peu précoce, devient bonne par la suite. Son fruit exige une grande chaleur et un bel automne pour acquérir toute sa qualité, qui ne peut être bien assurée que sous les climats du Midi.

DESCRIPTION.

Rameaux peu forts, très-finement anguleux dans leur contour, un peu flexueux, à entre-nœuds très-courts, d'un brun jaunâtre du côté de l'ombre, d'un brun rougeâtre intense du côté du soleil un peu voilé d'une pellicule d'un gris jaunâtre, glabres sur toute leur longueur.

Boutons à bois très-petits, coniques, courts, épais, très-courtement aigus, à direction tantôt plus, tantôt moins écartée du rameau, soutenus sur des supports bien saillants dont les côtés et l'arête médiane se prolongent très-finement ; écailles d'un marron foncé et mat.

Pousses d'été d'un vert sombre du côté de l'ombre, d'un rouge sanguin foncé du côté du soleil et glabres sur toute leur longueur.

Feuilles des pousses d'été assez grandes, obovales-élargies, se terminant assez brusquement en une pointe large et peu longue, peu concaves ou même parfois convexes, souvent ondulées, bordées de dents profondes, doubles et un peu aiguës, s'abaissant un peu sur des pétioles de moyenne longueur et un peu forts, un peu souples et munis de très-petites glandes globuleuses jaunes.

Stipules assez longues, lancéolées, dentées et profondément lobées à leur base.

Boutons à fruit très-petits, coniques, maigres et bien aigus, réunis sur des dards assez courts et peu forts ; écailles d'un marron foncé et peu brillant.

Fleurs petites; pétales largement arrondis, bien concaves, froncés sur l'onglet, se recouvrant entre eux ; divisions du calice courtes, élargies et dentées par leurs bords; pédicelles assez courts et glabres.

Feuilles des productions fruitières presque moyennes, obovales, obtuses à leur extrémité, un peu creusées en gouttière, bordées de dents fines, peu profondes et aiguës, s'abaissant sur des pétioles de moyenne longueur, grêles et flexibles.

Caractère saillant de l'arbre : teinte générale du feuillage d'un vert herbacé; toutes les feuilles plus ou moins pendantes sur leurs pétioles.

Fruit moyen, obovoïde, court, un peu plus atténué et un peu tronqué du côté de la queue, plus épais et très-largement obtus du côté du point pistillaire, largement convexe par ses joues, convexe un peu comprimé par ses faces dont l'une est traversée par un sillon très-peu prononcé.

Peau épaisse et ferme, d'abord d'un vert pâle, jaunâtre, puis passant à la maturité, **courant et fin d'octobre,** au jaune chaud et brillant, souvent relevé de taches d'un brun carminé, un peu saillantes et un peu rudes au toucher, à peine voilé d'une fleur blanche, très-fine et très-peu dense. Point pistillaire roux, un peu large, attaché dans une dépression un peu profonde, très-évasée et située à l'extrémité du sillon.

Queue longue, grêle, attachée dans une cavité étroite et profonde.

Chair jaune, fine, un peu ferme, suffisante en jus sucré, acidulé, assez agréable lorsque la saison a été chaude, mais trop acide dans les saisons humides.

Noyau petit pour le volume du fruit, un peu obovoïde et comprimé, un peu atténué et échancré du côté du point d'attache à la queue, un peu obtus à son autre extrémité, à joues très-peu bombées, traversées sur toute leur hauteur par un pli bien saillant, très-finement chagrinées et adhérant bien à la chair; suture ventrale saillante, très finement et très-peu profondément sillonnée, un peu raboteuse par ses bords ; arête dorsale peu épaisse, saillante et tranchante sur la plus grande partie de sa longueur; rainures latérales très-étroites et peu creusées.

REINE-CLAUDE DE MONTAUBAN

[N° 115]

Plusieurs Catalogues français.

Observations. — Le nom de cette variété indique probablement son origine. Son fruit appartient comme les Reine-Claude à la section des Damas, mais par sa forme il se rapproche peu des véritables Reine-Claude. — L'arbre, de vigueur normale, par sa végétation capricieuse, est peu disposé à se plier aux formes régulières. Sa fertilité est précoce et bonne. Son fruit, de première qualité, a beaucoup de rapports par sa saveur avec la Reine-Claude violette.

DESCRIPTION.

Rameaux de moyenne force, unis dans leur contour, bien droits, à entre-nœuds courts, d'un brun jaunâtre à leur partie inférieure, d'un brun verdâtre du côté de l'ombre sur le reste de leur longueur, et bien colorés du côté du soleil d'un rouge violet intense, sur lequel ressortent assez bien de petites lenticelles blanches et nombreuses, et qui est peu voilé par une pellicule mince.

Boutons à bois petits, coniques, courts et courtement aigus, à direction écartée du rameau, soutenus sur des supports très-peu saillants et dont les supports ne se prolongent pas lorsqu'ils sont situés à la partie inférieure du rameau, bien saillants au contraire lorsqu'ils sont situés à sa partie supérieure ; écailles d'un marron rougeâtre très-foncé et peu brillant.

Pousses d'été d'un vert vif et colorées de rouge violet du côté du soleil, glabres sur toute leur longueur.

Feuilles des pousses d'été assez grandes, ovales-élargies, se terminant régulièrement en une pointe peu aiguë, un peu repliées sur leur nervure médiane et un peu arquées, bien ondulées dans leur contour, bordées de dents larges, profondes, largement surdentées et obtuses, soutenues horizontalement sur des pétioles de moyenne longueur, un peu forts, horizontaux ou presque horizontaux, munis de petites glandes globuleuses jaunes.

Stipules longues, lancéolées-élargies, dentées et deux fois lobées à leur base.

Boutons à fruit très-petits, conico-ovoïdes, aigus, réunis peu nombreux sur des dards très-courts et un peu forts ; écailles d'un marron terne.

Fleurs assez petites; pétales elliptiques ou elliptiques un peu arrondis, peu concaves; divisions du calice courtes, un peu atténuées à leur extrémité, un peu obtuses ; pédicelles extraordinairement courts, forts et glabres.

Feuilles des productions fruitières presque moyennes, obovales un peu allongées et un peu élargies, assez courtement et peu sensiblement atténuées vers le pétiole, obtuses à leur extrémité, le plus souvent convexes et arquées, bordées de dents larges, un peu profondes, un peu couchées et peu aiguës, soutenues sur des pétioles longs et forts.

Caractère saillant de l'arbre : teinte générale du feuillage d'un vert herbacé intense et mat ; feuilles des pousses d'été remarquablement ondulées ; tous les pétioles plus ou moins forts ; branches divergentes et pendantes.

Fruit moyen, obovoïde, court et épais, un peu plus atténué et un peu tronqué du côté de la queue, un peu moins atténué et très-largement obtus du côté du point pistillaire, largement convexe par ses joues, également convexe par une de ses faces et convexe un peu comprimé par la face opposée traversée par un sillon le plus souvent entièrement effacé.

Peau fine, d'abord d'un pourpre clair, puis passant au pourpre intense et à l'entière maturité, **milieu d'août**, au pourpre noir, sablé du côté du soleil de petits points d'un jaune doré et recouvert d'une fleur bleue et dense. Point pistillaire large, jaunâtre, attaché à fleur du fruit.

Queue très-courte, forte, attachée dans une cavité étroite et assez profonde.

Chair verte, un peu ferme, abondante en jus sucré, relevé et agréablement parfumé.

Noyau un peu gros pour le volume du fruit, ovoïde un peu allongé, bien échancré à son point d'attache à la queue, se terminant régulièrement à son autre extrémité en une pointe aiguë, à joues peu bombées, un peu raboteuses, se détachant de la chair ; suture ventrale le plus souvent fermée ; arête dorsale épaisse, non saillante, aplanie sur toute sa longueur ; rainures latérales très-finement creusées.

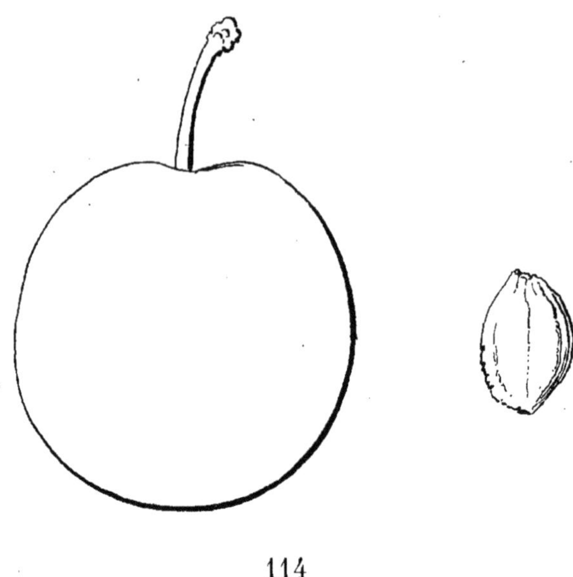

114

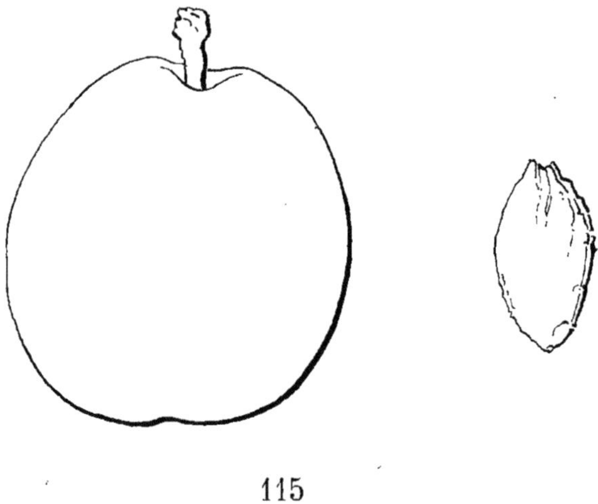

115

114. TARDIVE DE GÊNES. 115. REINE-CLAUDE DE MONTAUBAN.

Peingeon, Del.

Imp. Authier et Barbier, Bourg.

QUETSCHE DATTE ROUGE

(ROTHE DATTELZWETSCHE)

[N° 116]

Illustrirtes Handbuch der Obstkunde. JAHN.
FEIGENPFLAUME ROTHE. *Systematische Anleitung zur Kenntniss der Pflaumen.* LIEGEL.

OBSERVATIONS. — Je tiens cette variété de l'obligeance de M. Jahn, et elle ne doit point être confondue avec les autres prunes Datte. — L'arbre, de vigueur moyenne, ne s'accommode pas des formes soumises à la taille ; sa haute tige forme une tête irrégulière dont les branches se recourbent bientôt. Son fruit est excellent à sécher.

DESCRIPTION.

Rameaux peu forts, unis dans leur contour, bien flexueux, à entre-nœuds assez courts, d'un brun jaunâtre à l'ombre, d'un brun rougeâtre du côté du soleil, entièrement recouverts d'une pellicule fendillée à leur partie inférieure et d'un rouge très-intense et sombre à leur partie supérieure, glabres sur toute leur longueur.

Boutons à bois gros, coniques, aigus, à direction très-écartée du rameau, soutenus sur des supports renflés dont les côtés et l'arête médiane ne se prolongent pas ; écailles d'un marron rougeâtre très-foncé.

Pousses d'été d'un vert pâle, lavées de rouge clair et couvertes d'un duvet extraordinairement court, peu appréciable et caduc.

Feuilles des pousses d'été petites, ovales-allongées, se terminant régulièrement en une pointe aiguë, régulièrement concaves ou repliées sur leur nervure médiane, à peine ou non arquées, très-largement et très-peu profondément crénelées, soutenues bien horizontalement sur des pétioles de moyenne longueur, grêles, raides, horizontaux et glabres ; deux très-petites glandes globuleuses vertes sont ordinairement attachées à la base du limbe.

Stipules très-courtes, fines, à peine lobées à leur base et très-caduques.

Boutons à fruit assez gros, conico-ovoïdes, allongés et aigus, réunis sur des dards un peu longs et grêles ; écailles d'un marron foncé et terne.

Fleurs presque moyennes ; pétales ovales peu élargis, concaves, un peu écartés entre eux ; divisions du calice de moyenne longueur, étroites et un peu aiguës ; pédicelles de moyenne longueur, grêles et glabres.

Feuilles des productions fruitières plus grandes que celles des pousses d'été, obovales très-allongées, très-longuement et très-sensiblement atténuées vers le pétiole, aiguës ou presque aiguës à leur autre extrémité, planes ou même un peu convexes, bordées de dents larges, très-peu profondes, bien couchées et émoussées, mal soutenues sur des pétioles longs, grêles et un peu flexibles.

Caractère saillant de l'arbre : teinte générale du feuillage d'un vert herbacé peu foncé et un peu brillant ; feuilles des productions fruitières extraordinairement allongées et atténuées vers le pétiole ; toutes les feuilles petites, plus ou moins allongées et peu larges ; tous les pétioles plus ou moins longs et grêles.

Fruit moyen ou assez gros dans certaines saisons, obovoïde-allongé, brusquement et bien atténué, presque aigu vers son point d'attache à la queue, moins atténué, tantôt obtus, tantôt aigu à son autre extrémité, à joues à peine convexes, un peu comprimé sur ses faces dont l'une est traversée par un sillon très-peu appréciable, se réduisant souvent à une simple ligne de suture.

Peau un peu ferme, se détachant parfaitement de la chair, d'abord d'un pourpre clair, puis passant à la maturité, **milieu et fin d'août,** au plus joli pourpre rose et vif, recouvert d'une fleur fine et azurée. Point pistillaire jaunâtre, un peu saillant à l'extrémité du sillon.

Queue longue, très-grêle, courbée, attachée à fleur de la pointe du fruit.

Chair d'un jaune terne, fine, serrée, ferme, peu abondante en jus très-sucré et légèrement parfumé.

Noyau petit pour le volume du fruit, ovoïde très-allongé et bien comprimé, s'atténuant assez sensiblement pour se terminer en une pointe peu aiguë à son point d'attache à la queue, s'atténuant encore plus sensiblement pour se terminer en une pointe bien aiguë à son autre extrémité, à joues à peine bombées et presque unies dans leur surface ; suture ventrale étroitement et très-peu profondément sillonnée, presque unie par ses bords ; arête dorsale peu épaisse, peu saillante, aplanie sur toute sa longueur ; rainures latérales extraordinairement fines.

NON-PAREILLE

(UNVERGLEICHLICHE)

[N° 117]

Systematische Anleitung zur Kenntniss der Pflaumen. LIEGEL.
Systematisches Handbuch der Obstkunde. DITTRICH.
Catalogue JAHN, de Meiningen. 1864.
INCOMPARABLE. *The Fruits and the fruit-trees of America.* DOWNING.

OBSERVATIONS. — M. Downing dit que cette variété est d'origine allemande. Dittrich, qui la reçut en 1836, la considère comme un fruit d'origine récente, mais il n'a aucun renseignement sur le lieu de sa naissance. — L'arbre, de vigueur normale, forme une tête sphérique-élevée, régulière, un peu compacte; il est robuste et d'une grande fertilité. Son fruit joli est de première qualité, mais sujet à se fendre lorsque des pluies abondantes succèdent à une sécheresse trop prolongée.

DESCRIPTION.

Rameaux de moyenne force, unis ou presque unis dans leur contour, presque droits, à entre-nœuds de moyenne longueur et inégaux entre eux, d'un rouge vineux intense et terne, parfois voilé d'une pellicule jaunâtre et fendillée, glabres sur toute leur longueur.

Boutons à bois petits, coniques, courts, épais à leur base et courtement aigus, à direction écartée du rameau vers sa partie supérieure, à direction parallèle vers sa partie inférieure, soutenus sur des supports saillants dont l'arête médiane se prolonge très-obscurément ; écailles d'un marron rougeâtre foncé et terne.

Pousses d'été d'un vert très-clair et brillant, lavées de rouge vif du côté du soleil et glabres sur toute leur longueur.

Feuilles des pousses d'été grandes, ovales-élargies, se terminant régulièrement en une pointe peu aiguë, très-largement creusées en gouttière et peu arquées, bordées de dents larges, un peu profondes et obtuses, assez bien soutenues sur des pétioles de moyenne longueur, forts, glabres et munis de deux grosses glandes globuleuses vertes et pédicellées.

Stipules très-courtes, lancéolées, à peine lobées à leur base et très-caduques.

Boutons à fruit petits, conico-ovoïdes, un peu aigus, réunis sur des dards assez courts et assez grêles; écailles d'un marron rougeâtre terne.

Fleurs petites; pétales elliptiques-arrondis, presque planes, largement ondulés dans leur contour, se recouvrant un peu entre eux; divisions du calice elliptiques et très-obtuses; pédicelles de moyenne longueur et très-grêles.

Feuilles des productions fruitières assez grandes, obovales-élargies, courtement et peu sensiblement atténuées vers le pétiole, largement obtuses à leur extrémité, un peu concaves ou très-largement creusées en gouttière, souvent largement ondulées dans leur contour et à peine arquées, bordées de dents un peu larges, un peu profondes, recourbées et un peu aiguës, soutenues sur des pétioles longs et forts.

Caractère saillant de l'arbre: teinte générale du feuillage d'un vert bleu intense et un peu brillant seulement sur les feuilles des pousses d'été; toutes les feuilles assez amples et bien épaisses.

Fruit moyen, ovo-ellipsoïde, obtus du côté de la queue, à peine un peu plus atténué et moins obtus du côté du point pistillaire, largement convexe par ses joues, également convexe par ses faces dont l'une est traversée par un sillon seulement indiqué.

Peau très-ferme, d'abord d'un vert pâle fouetté de pourpre, puis passant à la maturité, **septembre,** au pourpre vineux intense, pointillé de jaunâtre et recouvert d'une fleur bleue et peu dense. Point pistillaire roux et attaché à fleur du fruit.

Queue tantôt un peu longue, tantôt assez courte, attachée dans une cavité très-étroite et très-peu profonde.

Chair jaunâtre, bien succulente, abondante en jus sucré, vineux et agréablement parfumé.

Noyau proportionné au volume du fruit, ovoïde-épais, un peu échancré à son point d'attache à la queue, se terminant un peu brusquement à son autre extrémité en une pointe courte et bien aiguë, à joues bien bombées, à peine plissées vers le point d'attache, raboteuses, se détachant bien de la chair; suture ventrale largement et peu profondément sillonnée, peu profondément crénelée par ses bords; arête dorsale très-épaisse, non saillante et bien aplanie sur toute sa longueur; rainures latérales fines et un peu creusées.

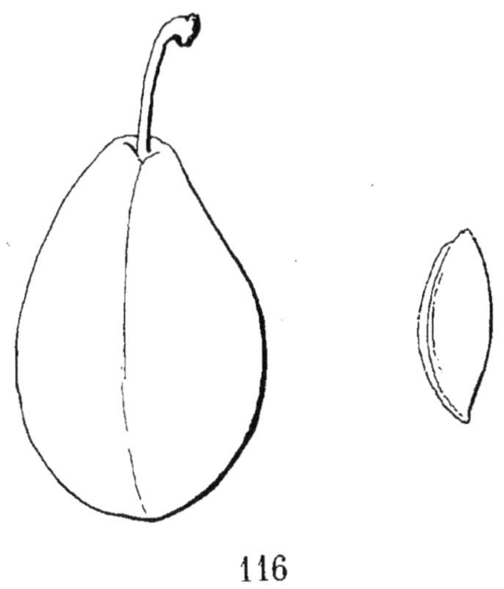

116

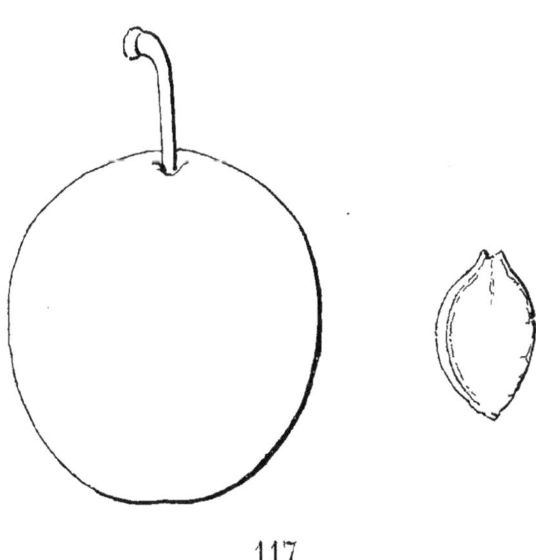

117

116. QUETSCHE DATTE ROUGE. 117. NON-PAREILLE.

Peingeon, Del. Imp. Authier et Barbier. Bour

ROYALE DE KOCH

(KOCHS KÖNIGSPFLAUME)

[N° 118]

Illustrirtes Handbuch der Obstkunde. OBERDIECK.
KARL KOCHS KÖNIGSPFLAUME. *Systematische Anleitung zur Kenntniss der Pflaumen.* LIEGEL.
Catalogue JAHN, de Meiningen. 1864.

OBSERVATIONS. — Cette variété fut obtenue par M. Liegel d'un noyau de la Royale de Tours, et dédiée à M. Charles Koch, secrétaire général de la Société d'horticulture de Prusse. Toutefois son fruit n'atteint pas la qualité de celui de la variété dont elle sort. — L'arbre, de bonne vigueur, forme une tête d'assez grande dimension, conique-renversée et peu compacte. Sa fertilité est précoce et grande, mais son fruit, jusqu'à présent chez moi, ne s'est pas montré au-dessus de la qualité des Prunes destinées aux usages du ménage.

DESCRIPTION.

Rameaux forts, anguleux dans leur contour, droits, à entre-nœuds assez courts, d'un brun jaunâtre du côté de l'ombre, d'un brun rougeâtre intense du côté du soleil, et un peu voilés d'une pellicule gris de plomb, glabres sur toute leur longueur.

Boutons à bois gros, coniques, épais et peu aigus, à direction écartée du rameau, soutenus sur des supports peu saillants dont l'arête médiane se prolonge vivement ; écailles d'un marron rougeâtre foncé et terne.

Pousses d'été d'un vert d'eau, lavées de rouge violet du côté du soleil et glabres sur toute leur longueur.

Feuilles des pousses d'été moyennes, obovales-élargies, se terminant presque régulièrement en une pointe peu aiguë et souvent contournée, peu repliées sur leur nervure médiane, ondulées dans leur contour, bordées de dents fines, peu profondes, un peu couchées et souvent un peu aiguës, s'abaissant sur des pétioles un peu courts, forts, horizontaux, glabres, d'un joli rose et munis de deux glandes globuleuses noirâtres.

Stipules assez longues, lancéolées, finement et profondément dentées, une seule fois lobées à leur base.

Boutons à fruit petits, conico-ovoïdes, peu aigus, réunis sur des dards courts et forts ; écailles d'un marron rougeâtre très-foncé et terne.

Fleurs assez petites ; pétales arrondis-élargis, un peu concaves, se recouvrant entre eux ; divisions du calice courtes, un peu larges et bien obtuses à leur extrémité; pédicelles très-courts et de moyenne force.

Feuilles des productions fruitières moyennes, obovales bien élargies, très-courtement atténuées vers le pétiole, largement obtuses à leur extrémité, presque planes, bordées de dents assez peu profondes, couchées et bien obtuses, soutenues sur des pétioles très-courts, forts et divergents.

Caractère saillant de l'arbre : feuilles des pousses d'été d'un vert d'eau bien décidé ; feuilles des productions fruitières d'un vert d'eau plus foncé et peu brillant ; stipules bien régulièrement lancéolées, finement et profondément dentées ; tous les pétioles courts et forts.

Fruit assez gros, obovoïde, assez sensiblement atténué et tronqué du côté de la queue, moins atténué, largement obtus et un peu aplati vers le point pistillaire, assez convexe par ses joues, très-largement convexe par ses faces dont l'une, un peu comprimée, est traversée par un sillon étroit et peu profond.

Peau épaisse, résistante, se couvrant très-longtemps avant la maturité d'un pourpre vif, qui, à l'entière maturité, **fin d'août**, se condense en conservant toujours un ton bien décidé ; une fleur fine et azurée recouvre toute la surface du fruit et lui donne la plus jolie apparence. Point pistillaire jaunâtre, attaché dans un creux profond et dont les bords bien élargis permettent au fruit de se tenir bien solidement debout.

Queue courte, forte, attachée dans une cavité en entonnoir bien profond.

Chair d'un blanc jaunâtre, peu fine, très-ferme, peu abondante en jus sucré, acidulé, sans parfum appréciable.

Noyau proportionné au volume du fruit, ovoïde-élargi et comprimé, largement et obliquement tronqué en croissant à son point d'attache à la queue, largement obtus à son autre extrémité, à joues très-peu bombées et bien comprimées vers l'arête dorsale, bien raboteuses et adhérentes à la chair ; suture ventrale exactement fermée, saillante et tranchante vers la pointe du noyau ; arête dorsale épaisse, saillante et tranchante sur toute son étendue et venant se confondre avec la suture ventrale à l'extrémité du noyau du côté de sa pointe ; rainures latérales à peine appréciables.

DAMAS D'ITALIE

[N° 119]

Traité des Arbres fruitiers. Duhamel.
Traité complet sur les pépinières. Calvel.
Revue horticole. 1871. O. Thomas.
ITALIAN DAMASK. *A Guide to the Orchard.* Lindley.
The Fruits and the fruit-trees of America. Downing.
ITALIENISCHE PFLAUME. *Handbuch über die Obstbaumzucht.* Christ.
ITALIENISCHE DAMASZENERPFLAUME. *Systematisches Handbuch der Obstkunde.* Dittrich.

Observations. — Le nom de cette variété très-ancienne indique probablement son origine. — L'arbre, de vigueur assez grande, s'élève en tête sphérique formant un peu le buisson et convient peu aux formes soumises à la taille. Sa fertilité est bonne et son fruit de première qualité est aussi de maturité prolongée.

DESCRIPTION.

Rameaux peu forts, obscurément anguleux dans leur contour, droits, à entre-nœuds très-courts, d'un brun verdâtre du côté de l'ombre, d'un brun violet voilé d'une pellicule épaisse du côté du soleil, et un peu recouverts sur toute leur longueur d'un duvet extraordinairement court et peu épais.

Boutons à bois petits, souvent accompagnés de deux boutons à fruit, coniques, finement aigus, à direction très-peu écartée du rameau, soutenus sur des supports très-saillants dont les côtés et l'arête médiane se prolongent obscurément ; écailles d'un marron noirâtre et terne.

Pousses d'été d'un vert pâle, lavées de rouge clair du côté du soleil et très légèrement duveteuses.

Feuilles des pousses d'été petites, obovales un peu élargies, se terminant régulièrement en une pointe peu aiguë, creusées en gouttière et peu arquées, finement et peu profondément crénelées plutôt que dentées, bien soutenues sur des pétioles courts, grêles, redressés, presque glabres et munis de deux glandes globuleuses.

Stipules très-courtes, fines, finement et très-courtement lobées à leur base.

Boutons à fruit petits, conico-ovoïdes, bien aigus, réunis assez nombreux sur des dards courts et forts; écailles d'un marron rougeâtre très-foncé et terne.

Fleurs petites; pétales elliptiques-arrondis, concaves; divisions du calice de moyenne longueur, bien atténuées et aiguës à leur extrémité; pédicelles très-courts, de moyenne force et glabres.

Feuilles des productions fruitières petites, obovales-élargies, courtement et peu sensiblement atténuées vers le pétiole, largement obtuses à leur autre extrémité, à peine creusées en gouttière et à peine arquées, bordées de dents un peu profondes, recourbées et obtuses, soutenues sur des pétioles courts et grêles.

Caractère saillant de l'arbre: teinte générale du feuillage d'un vert bleu assez intense et brillant; toutes les feuilles petites, courtement pétiolées et peu profondément dentées ou crénelées.

Fruit à peine moyen, presque sphérique, se terminant en une demi-sphère un peu échancrée du côté de la queue, s'atténuant à peine un peu plus sensiblement et bien obtus du côté du point pistillaire, assez convexe par ses joues, presque également convexe par ses faces dont l'une est traversée par un sillon étroit et assez prononcé.

Peau très-fine, très-mince, d'abord d'un pourpre sombre, puis passant à la maturité, **fin d'août**, au pourpre noir recouvert d'une fleur bleue et épaisse. Point pistillaire large, blanchâtre, un peu creusé à l'extrémité du sillon.

Queue courte, grêle, attachée dans une cavité un peu profonde et un peu évasée.

Chair d'un vert jaunâtre, fine, tendre, abondante en jus richement sucré, relevé et parfumé.

Noyau proportionné au volume du fruit, irrégulièrement ovoïde et épais, un peu échancré à son point d'attache à la queue, se terminant régulièrement à son autre extrémité en une pointe extraordinairement courte et fine, à joues bien bombées, à peine plissées vers le point d'attache, finement chagrinées et se détachant imparfaitement de la chair; suture ventrale, largement et peu profondément sillonnée, unie par ses bords; arête dorsale un peu épaisse, bien saillante et tranchante seulement vers le point d'attache; rainures latérales très-finement et très-peu profondément creusées.

118

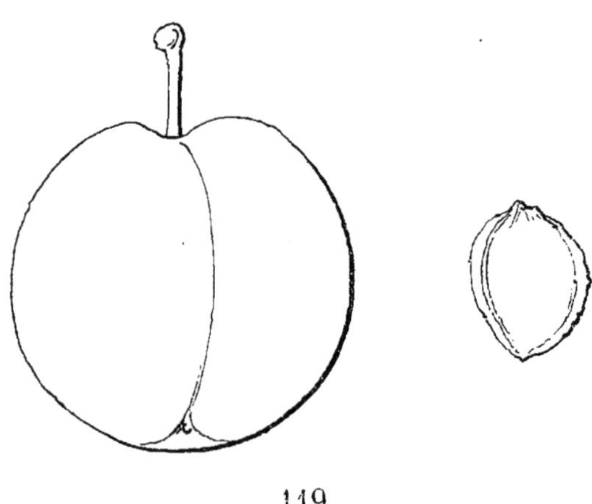

119

118. ROYALE DE KOCH. 119. DAMAS D'ITALIE.

Peingeon, Del. Imp. Authier et Barbier. Bourg.

CAPITAINE KIRCHHOFF

[N° 120]

HAUPTMANN KIRCHHOFFS PFLAUME. *Systematische Anleitung zur Kenntniss der Pflaumen.* LIEGEL.
Illustrirtes Handbuch der Obstkunde. OBERDIECK.

OBSERVATIONS. — Cette variété, d'après Oberdieck, fut obtenue sur le domaine de Schaferhof, près de Nienburg (Hanovre). — L'arbre, de vigueur normale, par sa végétation bien équilibrée, s'accommode bien des formes régulières. Sa fertilité est précoce, prodigieuse les années de rapport, mais interrompue par des alternats complets. Son fruit, dont le volume se trouve trop souvent réduit par sa trop grande abondance, est de toute première qualité, et arrive à maturité à une époque où les Prunes sont rares.

DESCRIPTION.

Rameaux grêles, finement anguleux dans leur contour, droits, à entre-nœuds courts, verdâtres du côté de l'ombre, d'un brun vineux du côté du soleil et glabres sur toute leur longueur.

Boutons à bois très-petits, coniques, un peu courts et courtement aigus, à direction très-peu écartée du rameau, soutenus sur des supports peu saillants dont les côtés et l'arête médiane se prolongent finement et distinctement ; écailles d'un marron foncé et terne.

Pousses d'été d'un vert intense, lavées de rouge sanguin sombre du côté du soleil et glabres sur toute leur longueur.

Feuilles des pousses d'été petites, ovales-élargies ou ovales-elliptiques, obtuses à leur extrémité, à peine repliées sur leur nervure médiane et à peine arquées, finement et peu profondément crénelées et surcrénelées, assez bien soutenues sur des pétioles courts, très-grêles et redressés.

Stipules courtes, fines et finement lobées.

Boutons à fruit très-petits, conico-ovoïdes, courtement aigus, réunis sur des dards très-courts et un peu forts ; écailles d'un marron sombre.

Fleurs presque moyennes ; pétales bien arrondis, un peu concaves, se recouvrant bien entre eux ; divisions du calice courtes, un peu élargies vers le milieu de leur longueur et obtuses à leur extrémité ; pédicelles courts, très-grêles et glabres.

Feuilles des productions fruitières petites, presque exactement elliptiques, obtuses à leur extrémité, le plus souvent un peu convexes, bordées de dents fines, peu profondes, couchées et un peu aiguës, soutenues sur des pétioles très-courts et grêles.

Caractère saillant de l'arbre : teinte générale du feuillage d'un vert herbacé vif et brillant ; toutes les feuilles plus ou moins petites ; tous les pétioles très-courts et grêles.

Fruit petit, presque sphérique, à peine un peu plus atténué et se terminant presque en demi-sphère du côté de la queue, à peine un peu moins atténué et un peu déprimé du côté du point pistillaire, bien convexe par ses joues, convexe à peine comprimé par ses faces dont l'une est traversée par un sillon très-peu prononcé, souvent seulement indiqué.

Peau fine et mince, d'abord d'un pourpre clair, puis passant à la maturité, **fin de septembre,** au pourpre plus intense et recouvert d'une fleur bleue, dense et adhérente. Point pistillaire petit, rougeâtre, attaché à l'extrémité du sillon dans une dépression à peine appréciable.

Queue un peu longue, bien grêle, attachée dans une cavité très-étroite et très-peu profonde.

Chair jaunâtre, fine, un peu consistante, suffisante en jus richement sucré et parfumé.

Noyau gros pour le volume du fruit, ovoïde-épais, peu tronqué et un peu échancré à son point d'attache à la queue, bien obtus à son autre extrémité surmontée d'une pointe extraordinairement courte et fine, à joues bien bombées, traversées sur leur hauteur par un pli peu prononcé, très-finement chagrinées et se détachant bien de la chair ; suture ventrale très-étroitement et peu profondément sillonnée, unie par ses bords ; arête dorsale un peu épaisse, saillante et un peu tranchante sur toute sa longueur ; rainures latérales très-finement creusées.

QUETSCHE D'AOUT

(AUGUSTZWETSCHE)

[N° 121]

Illustrirtes Handbuch der Obstkunde. OBERDIECK.

OBSERVATIONS. — J'ai reçu cette variété de M. Jahn, sous le nom de Wahre Frühzwetsche, Vraie Quetsche précoce. — L'arbre, d'une bonne vigueur, est propre à la pyramide ; il forme une tête très-élevée, étroite, un peu compacte, à branches fastigiées. Sa fertilité est moyenne et assez précoce. Son fruit est de bonne qualité.

DESCRIPTION.

Rameaux de moyenne force, bien unis dans leur contour, bien droits, à entre-nœuds de moyenne longueur et un peu inégaux entre eux, d'un rouge sanguin intense bien voilé du côté du soleil d'une pellicule épaisse d'un gris jaunâtre, glabres sur toute leur longueur.

Boutons à bois petits, très-courts, épatés, émoussés ou très-courtement aigus, à direction un peu écartée du rameau, soutenus sur des supports très-peu saillants dont les côtés et l'arête médiane ne se prolongent nullement ; écailles d'un marron clair.

Pousses d'été d'un vert clair, lavées de rouge violet du côté du soleil et glabres sur toute leur longueur.

Feuilles des pousses d'été moyennes, obovales-élargies, se terminant régulièrement en une pointe aiguë, repliées, arquées, parfois largement ondulées, bordées de dents larges, très-profondes et obtuses, assez peu soutenues sur des pétioles un peu longs, peu forts, un peu souples et glabres; deux glandes ovalaires vertes sont ordinairement attachées à la base du limbe.

Stipules un peu longues, lancéolées, dentées et ordinairement seulement une fois lobées à leur base.

Boutons à fruit très-petits, conico-ovoïdes, courtement et finement aigus, situés sur des dards assez courts et un peu forts ; écailles d'un marron clair et bordées de gris blanchâtre.

Fleurs assez grandes ; pétales largement arrondis, se recouvrant les uns les autres, un peu concaves, souvent irrégulièrement découpés ou un peu échancrés à leur sommet ; divisions du calice moyennes, ovales, presque aiguës; pédicelles de moyenne longueur et forts.

Feuilles des productions fruitières moyennes ou assez petites, obovales-allongées, assez sensiblement atténuées vers le pétiole, un peu aiguës à leur extrémité, bordées de dents un peu profondes, couchées et un peu aiguës, mal soutenues sur des pétioles un peu longs, de moyenne force et un peu souples.

Caractère saillant de l'arbre : teinte générale du feuillage d'un vert pré terne ; toutes les feuilles assez peu soutenues sur leurs pétioles un peu longs et un peu souples.

Fruit presque moyen, ovoïde un peu épais, un peu tronqué à son point d'attache à la queue et obtus à son autre extrémité, très-largement convexe par ses joues, convexe un peu comprimé par une de ses faces, et plus convexe par l'autre face traversée par un sillon peu prononcé et partageant souvent le fruit en deux parties un peu inégales.

Peau fine, mince, d'abord d'un pourpre foncé, puis passant à la maturité, **milieu d'août**, au pourpre violet intense et recouvert d'une fleur bleuâtre. Point pistillaire rougeâtre, très-petit, tantôt un peu saillant, tantôt un peu creusé à l'extrémité du sillon.

Queue de moyenne longueur, de moyenne force, attachée dans une cavité un peu profonde et un peu évasée.

Chair verdâtre ou d'un vert jaunâtre, fine, succulente, suffisante en jus bien sucré, agréablement relevé, constituant un fruit bon pour la table et la confiserie.

Noyau petit pour le volume du fruit, ovoïde un peu tronqué à son point d'attache à la queue, se terminant régulièrement à son autre extrémité en une pointe bien aiguë, à joues peu bombées, non plissées et chagrinées, se détachant bien de la chair ; suture ventrale très-étroitement et peu profondément sillonnée, finement et régulièrement crénelée par ses bords ; arête dorsale peu épaisse, un peu saillante et très-finement tranchante sur la plus grande partie de sa longueur ; rainures latérales très-étroites et très-peu profondes.

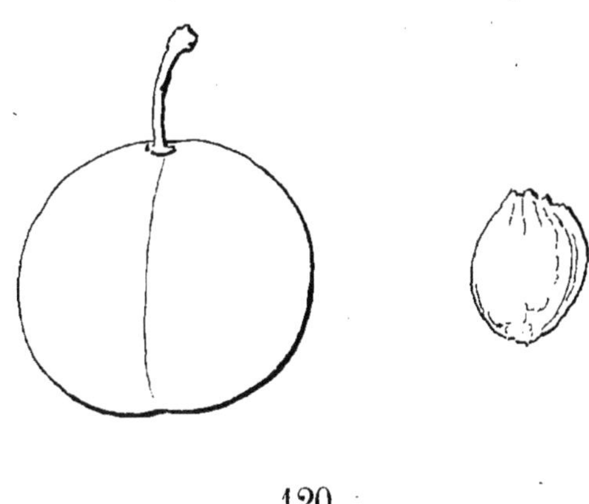

120

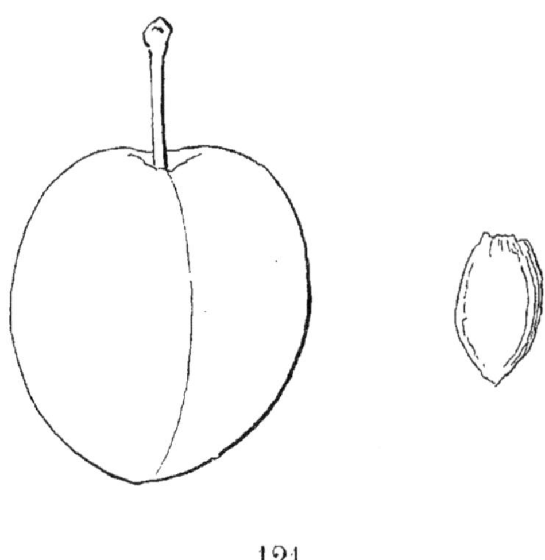

121

120. CAPITAINE KIRCHHOFF. 121. QUETSCHE D'AOUT.

Peingeon, Del. Imp. Arthier et Barbier. B

GROSSE VIOLETTE DE GRUGLIASCO

[N° 122]

Catalogue Simon-Louis, de Metz.

Observations. — J'ai reçu cette variété de MM. Simon-Louis frères, pépiniéristes à Metz, et ils l'indiquent comme originaire d'Italie. — L'arbre, de bonne vigueur, forme une tête conique-renversée, un peu élargie et compacte. Sa fertilité est précoce, bonne et soutenue. Son fruit est de bonne qualité.

DESCRIPTION.

Rameaux assez forts, unis dans leur contour, droits, à entre-nœuds très-courts, bruns du côté de l'ombre, d'un brun rougeâtre sombre et en grande partie voilé d'une pellicule gris de plomb du côté du soleil, duveteux sur toute leur longueur.

Boutons à bois petits, coniques, très-courts, très-épaissis à leur base et très-courtement aigus, à direction bien écartée du rameau lorsqu'ils sont situés à sa partie inférieure, à direction parallèle lorsqu'ils sont situés à sa partie supérieure, soutenus sur des supports bien saillants dont les côtés et l'arête médiane ne se prolongent pas ; écailles d'un marron rougeâtre foncé.

Pousses d'été d'un vert clair et un peu teinté de jaune, un peu colorées de rouge sanguin du côté du soleil et duveteuses sur toute leur longueur.

Feuilles des pousses d'été assez grandes, obovales-elliptiques un peu arrondies, se terminant souvent un peu brusquement en une pointe courte, le plus souvent convexes et parfois un peu concaves, bordées de dents profondes, couchées et aiguës, s'abaissant sur des pétioles un peu longs, un peu forts, un peu recourbés, duveteux et munis de deux ou plusieurs petites glandes globuleuses pédicellées.

Stipules courtes et fines.

Boutons à fruit petits, ovoïdes, courts et courtement aigus, réunis sur des dards plus ou moins courts et peu forts ; écailles d'un marron peu foncé.

Fleurs extraordinairement petites; pétales arrondis, peu concaves, à peine dentés et à peine teintés de jaune à leur sommet, se recouvrant très-peu entre eux; divisions du calice moyennes, un peu atténuées à leur extrémité, un peu obtuses; pédicelles courts, grêles et à peine duveteux.

Feuilles des productions fruitières assez petites, obovales-elliptiques ou obovales-élargies, largement arrondies à leur extrémité, presque planes, bordées de dents assez bien recourbées et aiguës, assez bien soutenues sur des pétioles un peu longs, un peu forts et divergents.

Caractère saillant de l'arbre : teinte générale du feuillage d'un vert assez intense et vif; toutes les feuilles bien duveteuses à leur page inférieure et garnies d'une serrature formée de dents aiguës.

Fruit gros, ovo-ellipsoïde et épais, un peu atténué et à peine tronqué du côté de la queue, un peu plus atténué et obtus du côté du point pistillaire, largement convexe par ses joues, convexe à peine comprimé par une de ses faces, un peu plus convexe par la face opposée traversée par un sillon étroit et assez creusé.

Peau assez mince, souple, se détachant de la chair, d'abord d'un pourpre vif, puis passant à la maturité, **fin d'août,** au pourpre plus intense recouvert d'une fleur bleue et dense. Point pistillaire roussâtre, à peine creusé à l'extrémité du sillon.

Queue courte, peu forte, attachée dans une cavité étroite et peu profonde.

Chair d'un jaune intense, assez fine, tendre et cependant consistante, suffisante en jus richement sucré et parfumé.

Noyau petit pour le volume du fruit, régulièrement ovoïde, peu atténué et un peu tronqué à son point d'attache à la queue, obtus à son autre extrémité surmontée d'une pointe imperceptible, à joues peu bombées, très-finement plissées vers le point d'attache, un peu raboteuses, se détachant parfaitement de la chair; suture ventrale largement et profondément sillonnée; arête dorsale un peu épaisse, non saillante, finement tranchante sur toute sa longueur; rainures latérales finement creusées.

REINE-CLAUDE BLANCHE

[N° 123]

Observations. — J'ai reçu cette variété de MM. Bonamy frères, pépiniéristes à Toulouse, qui la tenaient de Belgique. — L'arbre, d'une croissance vive mais bientôt contenue, peut s'accommoder des formes régulières ; il forme une tête sphérique peu compacte. Sa fertilité est précoce et très-grande. Son fruit est d'assez bonne qualité.

DESCRIPTION.

Rameaux de moyenne force, un peu obscurément anguleux dans leur contour, droits, à entre-nœuds très-courts, d'un brun jaunâtre à l'ombre, rougeâtres du côté du soleil et en partie voilés d'une pellicule mince, glabres sur toute leur longueur.

Boutons à bois petits, très-courts, très-élargis à leur base et courtement aigus, à direction écartée du rameau, soutenus sur des supports saillants dont les côtés et l'arête médiane se prolongent plus ou moins distinctement; écailles d'un marron rougeâtre peu foncé et peu brillant.

Pousses d'été d'un vert clair et brillant, lavées de rouge du côté du soleil et glabres sur toute leur longueur.

Feuilles des pousses d'été assez petites, ovales-élargies, se terminant régulièrement en une pointe aiguë, largement creusées et arquées, bordées de dents profondes, surdentées et obtuses, s'abaissant un peu sur des pétioles extraordinairement courts, peu forts, horizontaux, glabres et munis de deux glandes vertes, tantôt ovalaires, tantôt globuleuses.

Stipules très-courtes, le plus souvent divisées à leur base en un seul lobe.

Boutons à fruit assez petits, conico-ovoïdes un peu épais et courtement aigus, réunis sur des dards extraordinairement courts et forts; écailles d'un marron rougeâtre peu foncé et terne.

Fleurs petites ; pétales elliptiques-arrondis, concaves, se recouvrant entre eux; divisions du calice courtes, un peu atténuées, obtuses; pédicelles très-courts, forts et duveteux.

Feuilles des productions fruitières petites, obovales-élargies, brusquement et courtement atténuées vers le pétiole, obtuses à leur extrémité, un peu concaves, bordées de dents un peu profondes, un peu recourbées et un peu aiguës, soutenues sur des pétioles très-courts, un peu forts et raides.

Caractère saillant de l'arbre : teinte générale du feuillage d'un vert herbacé mat ; toutes les feuilles petites ou assez petites, épaisses et cependant un peu molles ; pétioles des feuilles des pousses d'été extraordinairement courts.

Fruit gros, sphérique, largement tronqué à ses deux pôles, à joues assez convexes, également convexe par ses faces dont l'une, cependant un peu moins saillante, est traversée par un sillon large et peu profond.

Peau un peu ferme, d'abord d'un vert très-clair, puis passant à la maturité, **fin de juillet, commencement d'août,** au jaune clair, plus ou moins largement lavé ou finement pointillé du côté du soleil d'un joli rose lilas et recouvert d'une fleur blanchâtre, bien fine et peu épaisse. Point pistillaire large, d'un jaune doré, placé dans une large dépression bien évasée et souvent un peu ouverte du côté du sillon.

Queue très-courte, peu forte, attachée dans une cavité très-étroite, peu profonde, souvent un peu ouverte du côté du sillon.

Chair d'un jaune clair, assez fine, tendre, fondante, abondante en jus doux, sucré, mais peu relevé, constituant un fruit de bonne qualité.

Noyau petit pour le volume du fruit, ovoïde un peu élargi, largement tronqué à son point d'attache, largement obtus à son autre extrémité surmontée d'une très-petite pointe, à joues peu bombées, traversées par un pli saillant, un peu raboteuses et ne se détachant pas toujours facilement de la chair ; suture ventrale largement et profondément sillonnée, unie par ses bords ; arête dorsale très-épaisse, un peu saillante et tranchante seulement vers le point d'attache ; rainures latérales larges et peu profondes.

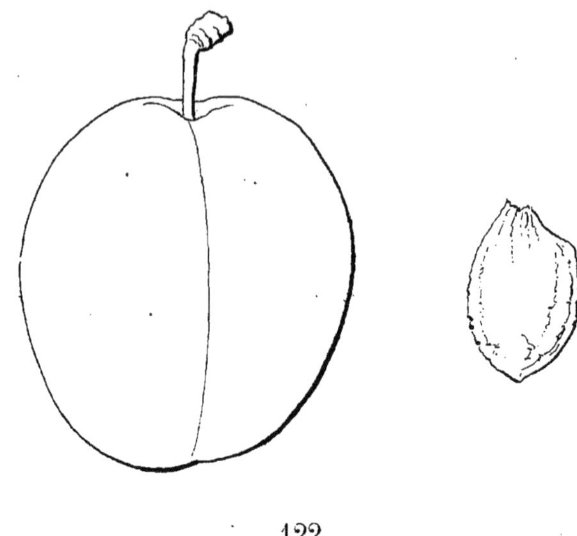

122

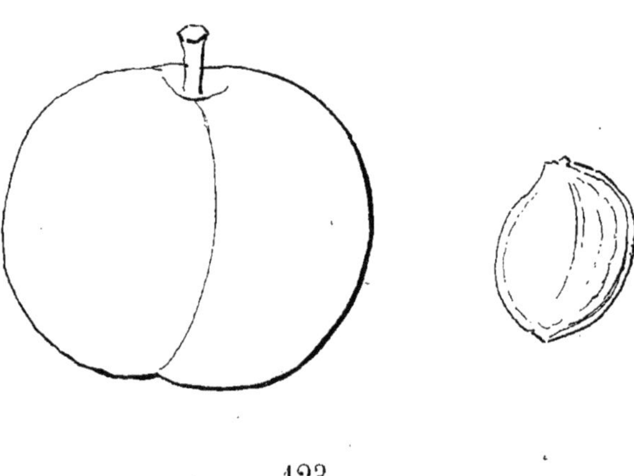

123

122. GROSSE VIOLETTE DE GRUGLIASCO. 123. REINE-CLAUDE BLANCHE.

Paingeon, Del. Imp. Authier et Barbier, Bourg.

ROYALE DE MAYER

[N° 124]

MAYERS KÖNIGSPFLAUME. *Illustrirtes Handbuch der Obstkunde.* OBERDIECK.
Systematische Anleitung zur Kenntniss der Pflaumen. LIEGEL.
Systematisches Handbuch der Obstkunde. DITTRICH.
ROYALE. *Pomona Franconica.*
Traité des Arbres fruitiers. DUHAMEL ?

OBSERVATIONS. — Cette variété est d'origine inconnue. Oberdieck dit qu'il la reçut de Liegel qui la tenait de Schmidtberger ; celui-ci la considérant comme semblable à celle représentée dans la *Pomona Franconica,* la nomma Royale de Mayer. — L'arbre, d'une vigueur normale, forme une tête élevée à branches érigées. Sa fertilité assez précoce est moyenne, mais elle est interrompue par des alternats complets. Son fruit est d'assez bonne qualité.

DESCRIPTION.

Rameaux assez peu forts, très-obscurément anguleux dans leur contour, droits, à entre-nœuds courts, d'un brun jaunâtre à l'ombre, d'un brun vineux du côté du soleil et peu voilé d'une pellicule grise, glabres sur toute leur longueur.

Boutons à bois moyens, coniques, courts, extraordinairement épais, courtement aigus, à direction plus ou moins écartée du rameau, soutenus sur des supports assez peu saillants ; écailles d'un marron rougeâtre foncé.

Pousses d'été d'un vert très-clair et peu lavées de rouge du côté du soleil, glabres sur toute leur longueur.

Feuilles des pousses d'été assez petites, ovales-elliptiques, se terminant régulièrement en une pointe un peu aiguë, bien creusées, non arquées et le plus souvent largement ondulées, bordées de dents fines, bien finement surdentées, peu profondes et un peu aiguës, soutenues horizontalement sur des pétioles longs, peu horizontaux, raides, presque glabres et munis de deux glandes un peu ovalaires jaunes.

Stipules très-courtes, lancéolées-étroites, très-finement dentées et le plus souvent seulement une fois lobées à leur base.

Boutons à fruit petits, conico-ovoïdes, peu aigus, réunis sur des dards très-courts et peu forts ; écailles d'un marron rougeâtre foncé.

Fleurs moyennes, ordinairement semi-doubles ; pétales elliptiques-arrondis, concaves, se touchant entre eux, un peu teintés de jaune à leur sommet ; divisions du calice moyennes, bien atténuées, peu obtuses ; pédicelles moyens, grêles et glabres.

Feuilles des productions fruitières obovales un peu allongées, assez courtement et sensiblement atténuées vers le pétiole, largement obtuses à leur extrémité, peu concaves, bordées de dents assez fines, peu profondes, couchées et émoussées, soutenues sur des pétioles longs et peu souples.

Caractère saillant de l'arbre : teinte générale du feuillage d'un vert des plus vifs et bien luisant ; toutes les feuilles longuement pétiolées.

Fruit assez gros, presque sphérique, un peu moins arrondi et largement tronqué du côté de la queue, un peu plus arrondi, moins largement tronqué et ordinairement un peu échancré vers le point pistillaire, à joues assez convexes, presque également convexe par ses faces, dont l'une à peine comprimée est traversée par un sillon bien évasé, mais cependant bien indiqué par la ligne de son fond.

Peau assez mince, se détachant de la chair à l'entière maturité, d'abord d'un vert très-clair un peu jaune, lavé de pourpre clair du côté du soleil. A la maturité, **milieu d'août,** les parties à l'ombre passent aussi au pourpre clair, et le côté du soleil ou la plus grande partie de sa surface se recouvre d'un pourpre plus intense sur lequel apparaissent de petits points jaunes, et une fleur d'un lilas rosé recouvre le tout. Point pistillaire large, blanchâtre, placé dans une cavité assez profonde et ouverte du côté du sillon.

Queue un peu longue ou courte, de moyenne force, attachée dans une cavité profonde et évasée.

Chair jaune, assez fine, fondante, abondante en jus sucré, acidulé, un peu parfumé, constituant un fruit d'assez bonne qualité.

Noyau gros, ovo-ellipsoïde, épais, un peu tronqué à son point d'attache, largement obtus à son autre extrémité, à joues bien bombées, rocailleuses plutôt que raboteuses, ne se détachant pas toujours de la chair ; suture ventrale largement et profondément sillonnée, obscurément crénelée par ses bords ; arête dorsale épaisse, un peu saillante surtout vers le point d'attache et tranchante sur toute sa longueur ; rainures latérales larges et profondes, crénelées par leurs bords du côté des joues.

REINE-CLAUDE DE WAZON

[N° 125]

Catalogue Baltet frères, de Troyes, 1867-1868.

Observations. — Cette variété a été propagée depuis quelques années par MM. Baltet frères, de Troyes (Aube). — L'arbre, d'une grande vigueur, forme une tête sphérique déprimée, s'étendant au loin, peu compacte. Sa fertilité assez précoce est bonne et soutenue. Son fruit se fait remarquer entre ceux de sa classe par sa qualité hors ligne.

DESCRIPTION.

Rameaux forts, anguleux dans leur contour, droits, à entre-nœuds de moyenne longueur, d'un brun jaunâtre du côté de l'ombre, d'un brun vineux foncé et terne et en partie voilé d'une pellicule gris de plomb du côté du soleil, glabres sur toute leur longueur.

Boutons à bois moyens, coniques bien aigus, à direction parallèle ou presque appliquée au rameau, soutenus sur des supports extraordinairement saillants dont les côtés et l'arête médiane se prolongent distinctement; écailles d'un marron rougeâtre bien foncé et terne.

Pousses d'été un peu lavées de rouge du côté du soleil et glabres sur toute leur longueur.

Feuilles des pousses d'été assez grandes, ovales-arrondies, se terminant brusquement en une pointe courte, un peu concaves, largement et profondément crénelées et surcrénelées, bien soutenues sur des pétioles de moyenne longueur, forts, glabres et assez redressés; deux grosses glandes globuleuses sont ordinairement attachées à la base du limbe.

Stipules assez courtes, lancéolées-élargies, un peu recourbées, dentées et divisées à leur base en un lobe bien développé.

Boutons à fruit gros, conico-ovoïdes, allongés et finement aigus, réunis sur des dards assez courts et forts ; écailles d'un marron rougeâtre foncé.

Fleurs moyennes; pétales elliptiques-arrondis, se recouvrant un peu entre eux, finement et visiblement dentés à leur sommet; divisions du calice sensiblement atténuées et aiguës à leur extrémité; pédicelles courts et assez forts.

Feuilles des productions fruitières assez grandes, obovales-élargies, longuement et assez sensiblement atténuées du côté du pétiole, obtuses à leur extrémité, planes ou même convexes, bordées de dents un peu larges, un peu profondes, un peu recourbées et peu aiguës, soutenues sur des pétioles remarquablement longs et de moyenne force.

Caractère saillant de l'arbre : teinte générale du feuillage d'un vert d'eau un peu intense et peu brillant; feuilles des pousses d'été remarquablement épaisses ; feuilles des productions fruitières bien développées.

Fruit gros, sphérico-cordiforme, très-épaissi, largement tronqué et échancré du côté de la queue, sensiblement atténué et tronqué sur une petite étendue du côté du point pistillaire, assez convexe par ses joues, également convexe par ses faces dont l'une est traversée par un sillon étroit et parfois un peu prononcé.

Peau très-fine, ne se détachant pas de la chair, d'abord d'un vert pâle, puis passant à la maturité, **commencement de septembre,** au vert jaunâtre souvent lavé et pointillé de pourpre du côté du soleil, et recouvert d'une fleur blanche très-fine et peu dense. Point pistillaire roussâtre, placé dans un petit creux à l'extrémité du sillon.

Queue très-courte, forte, attachée dans une cavité bien profonde, évasée et souvent ouverte du côté du sillon.

Chair d'un jaune un peu verdâtre, ferme, succulente, suffisante en jus richement sucré et parfumé à la manière de la Reine-Claude, constituant un fruit de première qualité.

Noyau bien petit pour le volume du fruit, irrégulièrement ellipsoïde, arrondi à son point d'attache à la queue, très-largement obtus à son autre extrémité, à joues peu bombées, un peu raboteuses, se détachant de la chair; suture ventrale entièrement fermée ; arête dorsale peu épaisse, peu saillante, un peu tranchante vers le point d'attache, obtuse sur le reste de son étendue ; rainures latérales larges et bien creusées.

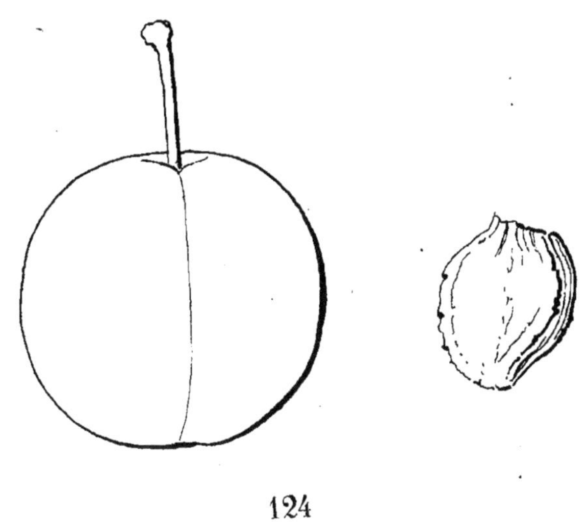

124

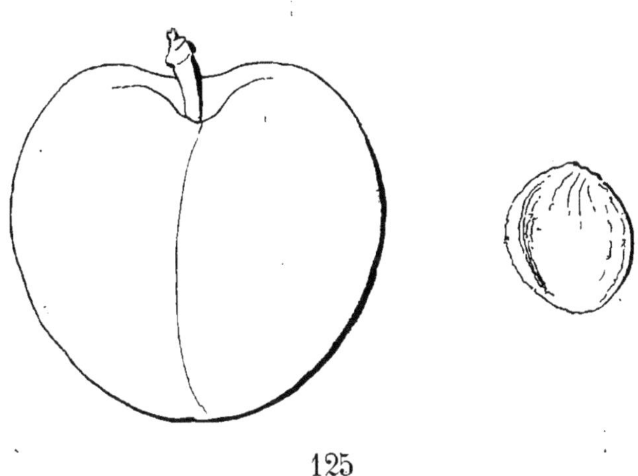

125

124. ROYALE DE MAYER. 125. REINE-CLAUDE DE WAZON.

Peingeon, Del. ——— rbie

ROYALE DE VILVORDE

[N° 126]

Catalogue De Bavay. 1855-1856?

Observations. — L'arbre, d'une vigueur moyenne, forme une tête irrégulière, à branches divergentes. Sa fertilité assez précoce est bonne, mais interrompue par des alternats complets. Son fruit est de bonne qualité.

DESCRIPTION.

Rameaux de moyenne force, bien anguleux dans leur contour, droits, à entre-nœuds longs, d'un brun jaunâtre terne et couvert d'un duvet extraordinairement court et peu abondant.

Boutons à bois moyens, coniques, un peu épais et courtement aigus, à direction parallèle ou presque parallèle au rameau, soutenus sur des supports saillants dont les côtés et l'arête médiane se prolongent bien distinctement ; écailles d'un marron peu foncé.

Pousses d'été d'un vert vif, lavées de rouge violet et couvertes sur toute leur longueur d'un duvet court, peu épais et hérissé.

Feuilles des pousses d'été moyennes, ovales ou obovales-allongées et un peu élargies, se terminant régulièrement en une pointe aiguë, presque planes ou peu concaves, parfois un peu ondulées, bordées de dents très-peu profondes, bien couchées et bien obtuses, s'abaissant sur des pétioles courts, de moyenne force, un peu duveteux, un peu souples et munis de deux très-grosses glandes globuleuses vertes avec leur centre noirâtre.

Stipules courtes, fines, le plus souvent une seule fois lobées.

Boutons à fruit très-petits, conico-ovoïdes, réunis sur des dards plus ou moins courts et peu forts ; écailles d'un marron un peu foncé.

Fleurs petites ; pétales obovales bien élargis, peu concaves, à onglet un peu long, écartés entre eux ; divisions du calice moyennes, larges, bien obtuses ; pédicelles moyens, de moyenne force et glabres.

Feuilles des productions fruitières petites, obovales un peu élargies, brusquement et courtement atténuées vers le pétiole, obtuses à leur extrémité, un peu concaves et non arquées, bordées de dents fines, peu profondes, couchées et émoussées, bien soutenues sur des pétioles courts et grêles.

Caractère saillant de l'arbre : teinte générale du feuillage d'un vert bleu sombre et mat; serrature de toutes les feuilles remarquablement peu profonde; glandes caractéristiques par leur volume et leur couleur.

Fruit moyen ou presque moyen, sphérique un peu déprimé à ses deux pôles, largement tronqué du côté de la queue et un peu moins largement du côté du point pistillaire, bien convexe par ses joues, également convexe par ses faces dont l'une à peine comprimée est traversée par un sillon très-peu prononcé.

Peau fine, mince, d'abord d'un pourpre clair, puis passant à la maturité, **milieu d'août**, au pourpre plus intense recouvert d'une fleur bleue assez épaisse. Point pistillaire rougeâtre et un peu enfoncé dans la pointe aplatie du fruit.

Queue assez courte, peu forte, attachée dans une cavité un peu profonde et un peu évasée.

Chair d'un jaune verdâtre, fine, tendre, fondante, abondante en jus sucré et agréablement relevé, constituant un fruit de bonne qualité.

Noyau proportionné au volume du fruit, irrégulièrement ellipsoïde, obliquement tronqué en croissant à son point d'attache à la queue, largement obtus à son autre extrémité, à joues un peu bombées, un peu plissées vers le point d'attache, un peu raboteuses, se détachant bien de la chair ; suture ventrale étroitement et profondément sillonnée, presque unie par ses bords ; arête dorsale épaisse, saillante et tranchante sur presque tout son parcours ; rainures latérales larges et profondes.

PRUNE DATTE JAUNE

[N° 127]

GROSSE GELBE DATTELPFLAUME. *Systematisches Handbuch der Obstkunde.* DITTRICH.

GROSSE GELBE DATTELZWETSCHE. *Illustrirtes Handbuch der Obstkunde.* JAHN.

PRUNE DATTE. *Traité des Arbres fruitiers.* DUHAMEL.

Traité complet sur les pépinières. CALVEL.

DATTELPFLAUME GROSSE GELBE. *Systematische Anleitung zur Kenntniss der Pflaumen.* LIEGEL.

OBSERVATIONS. — Je tiens cette variété de M. Jahn et cependant la figure et la description du fruit données par lui dans le *Illustrirtes Handbuch* diffèrent en quelques points des miennes. L'influence du sol et du climat en serait-elle la cause comme aussi de la différence d'époque de maturité que j'ai remarquée chez moi ? — L'arbre, d'une vigueur normale, forme une tête élargie, irrégulière, à branches divergentes. Sa fertilité assez précoce et moyenne est interrompue par des alternats complets. Son fruit est d'assez bonne qualité.

DESCRIPTION.

Rameaux assez forts, allongés, presque unis ou obscurément anguleux dans leur contour, à peine flexueux, à entre-nœuds longs, d'un brun jaunâtre à l'ombre, d'un brun rougeâtre brillant et en partie voilé d'une pellicule gris de plomb du côté du soleil, glabres sur toute leur longueur.

Boutons à bois assez gros, coniques, un peu aigus, à direction parallèle au rameau, soutenus sur des supports saillants dont les côtés et l'arête médiane ne se prolongent pas ou très-obscurément ; écailles d'un marron rougeâtre un peu brillant.

Pousses d'été d'un vert d'eau, lavées de rouge violet du côté du soleil et entièrement glabres sur toute leur longueur.

Feuilles des pousses d'été moyennes, obovales-arrondies, peu atténuées vers le pétiole et bien élargies à leur autre extrémité où elles se terminent un peu brusquement en une pointe très-courte et large, un peu concaves, plus ou moins largement et irrégulièrement ondulées dans tout leur contour et souvent contournées par leur pointe, bordées de dents assez peu profondes, un peu recourbées et peu aiguës, soutenues horizontalement sur des pétioles courts, peu forts, presque horizontaux, glabres et munis de deux glandes globuleuses verdâtres.

Stipules vertes, moyennes, lancéolées, dentées et deux fois lobées à leur base.

Boutons à fruit assez petits, conico-ovoïdes, allongés et aigus, réunis sur des dards un peu longs, bien grêles et presque perpendiculaires au rameau ; écailles d'un marron rougeâtre foncé.

Fleurs grandes; pétales elliptiques-élargis, un peu concaves, se recouvrant bien entre eux, souvent finement dentés à leur sommet; divisions du calice assez longues, larges, peu atténuées et obtuses; pédicelles moyens, un peu forts et glabres.

Feuilles des productions fruitières petites, presque régulièrement lancéolées, à peine un peu plus atténuées vers le pétiole et peu obtuses à leur extrémité, bien creusées et bien ondulées, bordées de dents fines, peu profondes, couchées et finement aiguës, soutenues sur des pétioles courts, grêles et divergents.

Caractère saillant de l'arbre : feuilles des pousses d'été d'un vert herbacé un peu intense et bien brillant ; feuilles des productions fruitières d'un vert pré vif et un peu brillant ; feuilles des pousses d'été remarquablement ondulées et crispées dans leur contour; celles des productions fruitières seulement régulièrement ondulées.

Fruit gros, obovoïde-épais, un peu plus atténué et à peine tronqué du côté de la queue, un peu moins atténué et très-largement obtus du côté du point pistillaire, largement convexe un peu comprimé par ses joues, plus convexe par une de ses faces et encore plus convexe par la face opposée traversée par un sillon peu prononcé et qui la partage en deux parties ordinairement inégales.

Peau mince, souple, d'abord d'un blanc à peine teinté de vert, puis passant à la maturité, **fin d'août,** au jaune canari recouvert d'une fleur blanche, très-fine et peu dense. En certaines années on remarque quelques points rouges du côté du soleil. Point pistillaire jaunâtre, très-petit, attaché dans une très-petite dépression à l'extrémité du sillon.

Queue de moyenne longueur, grêle, attachée dans une cavité étroite et un peu profonde.

Chair d'un jaune clair, fine, tendre, fondante, ruisselante en jus sucré, acidulé, légèrement parfumé, constituant un fruit d'assez bonne qualité.

Noyau gros pour le volume du fruit, irrégulièrement ovoïde-élargi, peu atténué et à peine tronqué à son point d'attache à la queue, obtus à son autre extrémité surmontée d'une très-petite pointe, à joues peu bombées, un peu plissées vers le point d'attache, raboteuses et adhérant à la chair par une partie de leur surface ; suture ventrale largement et profondément sillonnée, crénelée par ses bords ; arête dorsale épaisse, non saillante, bien aplanie sur la plus grande partie de son étendue ; rainures latérales larges, très-peu profondes et à bords finement crénelés du côté des joues.

126

127

126. ROYALE DE VILVORDE. 127. PRUNE DATTE JAUNE.

Imp. Authier et Barbier. Bourg.

VRAI ROGNON DE COQ

[N° 128]

HAHNENPFLAUME WAHRE. HAHNENHODE. *Systematische Anleitung zur Kenntniss der Pflaumen.* LIEGEL.
Systematisches Handbuch der Obstkunde. DITTRICH.
GESPRENKELTE PFLAUME. *Handbuch über die Obstbaumzucht.* CHRIST.

OBSERVATIONS. — J'ai reçu cette variété de Jahn. Dittrich décrit la forme représentée, mais en ajoutant que le fruit est parfois tout-à-fait sphérique. Christ l'indique comme sphérique. — L'arbre, à branchage menu, à direction perpendiculaire, est propre à la forme pyramidale. Sa haute tige forme une tête un peu compacte. Sa fertilité est très-grande. Son fruit est bon cru et de première qualité pour sécher.

DESCRIPTION.

Rameaux peu forts, légèrement coudés à leurs entre-nœuds courts, sensiblement anguleux dans leur contour, d'un brun rougeâtre terne et foncé, quelques-uns maculés d'un jaunâtre sombre.

Boutons à bois petits, coniques, finement aigus, à direction parallèle au rameau, soutenus sur des supports un peu saillants dont les trois arêtes se prolongent sensiblement sur le rameau; écailles d'un marron noirâtre terne, légèrement bordées de gris sombre.

Pousses d'été peu fortes, lavées de violet noir recouvert d'une sorte de pruine blanchâtre; sommet un peu rougi et lisse.

Feuilles des pousses d'été moyennes, à peu près elliptiques, se terminant peu brusquement en une pointe longue et émoussée, plutôt convexes, bordées de dents larges, peu profondes et souvent aiguës, surtout vers l'extrémité de la feuille, tombant sur des pétioles de moyenne longueur et de moyenne force, exactement horizontaux; les glandes manquent souvent et sont irrégulièrement attachées à la base de la feuille et non sur le pétiole.

Stipules courtes, finement lobées à leur base.

Boutons à fruit petits, coniques-effilés et aigus, espacés sur des dards très-grêles et allongés ou accompagnant seul à seul le bouton à bois ; écailles d'un marron rougeâtre terne, très-finement bordées de gris jaunâtre.

Fleurs petites ; pétales très-menus, ovales-étroits, irrégulièrement découpés dans leur contour, planes ; divisions du calice extraordinairement étroites et aiguës ; pédicelles longs, extraordinairement grêles.

Feuilles des productions fruitières plus petites que celles des pousses d'été, lancéolées, se terminant en une pointe émoussée, un peu convexes, contournées par leur extrémité, bordées de dents fines, peu profondes et peu aiguës, assez mal soutenues par des pétioles courts, très-grêles, flexibles.

Caractère saillant de l'arbre : feuilles de l'extrémité des pousses d'un vert blond tendre et molles ; toutes les autres un peu pendantes.

Fruit presque moyen, ovoïde, ordinairement plus atténué du côté du point pistillaire que du côté de la queue, partagé d'un côté en deux parties un peu inégales par un sillon très-peu prononcé, souvent presque nul, convexe, quelquefois un peu aplati du côté opposé.

Peau épaisse, d'abord d'un rouge pourpre clair semé de points gris blanc, puis à la maturité, **fin d'août,** passant au pourpre foncé recouvert d'une fine fleur bleuâtre à travers laquelle paraissent encore bien les points gris blanchâtres. Point pistillaire petit, jaunâtre, le plus souvent un peu saillant sur la pointe du fruit.

Queue de moyenne longueur et de moyenne force, bien verte, insérée dans une cavité étroite et peu profonde.

Chair d'un vert terne, jaunâtre, fine, serrée, abondante en jus sucré, vineux, bien relevé, constituant un fruit agréable cru et de toute première qualité pour sécher.

Noyau gros, ovoïde-allongé, sensiblement et brusquement atténué vers son point d'attache à la queue, se terminant longuement et régulièrement en une pointe aiguë, à joues peu convexes, un peu rugueuses et adhérant en partie à la chair ; suture ventrale très-étroitement et peu profondément sillonnée ; arête dorsale saillante, proéminente et tranchante vers le point d'attache à la queue ; rainures latérales très-étroites et très-peu profondes, souvent inappréciables.

SCARNADA

[N° 129]

SCANARDA. *Bulletin de la Société Van Mons.* 1858.
Systematische Anleitung zur Kenntniss der Pflaumen. LIEGEL.
SCARNARDA. *Catalogue* SIMON-LOUIS, de Metz.

OBSERVATIONS. — Cette curieuse et distincte variété, originaire de la province d'Asti, en Piémont, est mentionnée dans le *Bulletin de la Société Van Mons,* de 1858, comme ayant été envoyée par Liegel. Elle a été introduite en France, il y a près de vingt ans, par MM. Simon-Louis, de Metz, qui l'avaient reçue de MM. Prudent Besson, pépiniéristes à Turin. — L'arbre, vigoureux dans sa jeunesse, n'atteint pas cependant de grandes dimensions. Sa fertilité est variable et laisse souvent à désirer. Son fruit est remarquable par sa forme et par son parfum particulier.

DESCRIPTION.

Rameaux fluets, finement anguleux dans leur contour, à entre-nœuds très-courts, d'un vert jaune du côté de l'ombre, d'un rouge foncé du côté du soleil.

Boutons à bois petits, coniques-allongés, aigus, à direction écartée du rameau, soutenus sur des supports peu saillants et dont les côtés se prolongent très-finement; écailles d'un beau marron brillant.

Pousses d'été peu fortes, d'un brun violacé à leur base, d'un rouge sanguin foncé à leur sommet, lisses sur toute leur étendue.

Feuilles des pousses d'été assez grandes, ovales bien élargies, atteignant leur plus grande largeur à peu près au milieu de leur longueur, se terminant peu promptement en une pointe courte, planes ou même convexes, bordées de dents doubles, arrondies et peu profondes, assez mal soutenues par des pétioles un peu longs, peu forts, flexibles, colorés d'un rouge vineux intense et munis de glandes jaunes pédicellées.

Stipules courtes, partagées en trois lobes à peu près d'égale longueur.

Boutons à fruit petits, ovoïdes, finement aigus, réunis sur des dards peu longs et grêles, attachés presque perpendiculairement au rameau ; écailles d'un marron peu foncé.

Fleurs petites ; pétales bien arrondis, se recouvrant bien les uns les autres ; divisions du calice étroites, peu atténuées vers leur sommet bien obtus ; pédicelles de moyenne longueur et bien grêles.

Feuilles des productions fruitières bien plus petites que celles des pousses d'été, elliptiques, se terminant en une pointe émoussée, bordées de dents très-fines et très-aiguës, à peu près planes, largement ondulées vers leur sommet, assez peu soutenues par des pétioles courts, grêles, flexibles.

Caractère saillant de l'arbre : teinte générale du feuillage d'un vert jaunâtre ; toutes les feuilles à peu près largement ondulées vers leur extrémité.

Fruit petit, presque exactement ovoïde un peu allongé, un peu plus atténué du côté de la queue que du côté du point pistillaire, à joues à peine convexes, partagé d'un côté en deux parties le plus souvent un peu inégales par un sillon très-peu prononcé, largement convexe du côté opposé.

Peau un peu épaisse et ferme, ne se détachant pas de la chair, d'abord d'un blanc verdâtre, passant à la maturité, **septembre**, au jaune canari intense, un peu voilé par une fleur blanchâtre et quelquefois semé de quelques taches carminées. Point pistillaire très-petit, gris jaunâtre, placé à l'extrémité du sillon, à fleur du fruit et bien dans son axe.

Queue de moyenne longueur, très-grêle, jaune, courbée, attachée dans une très-petite cavité qui contient exactement son point d'attache.

Chair jaune, bien fine, ferme, serrée, abondante en eau sucrée, relevée d'un léger acide et d'un parfum particulier fort agréable, constituant un excellent fruit pour les usages de la cuisine et agréable cru.

Noyau petit, se détachant de la chair, presque ellipsoïde, à joues peu convexes, bien plus atténué du côté de son point d'attache à la queue, où il est tronqué sur une très-petite étendue, que du côté de sa pointe ; suture ventrale largement et profondément sillonnée ; arête dorsale peu saillante et un peu émoussée ; rainures latérales très-peu prononcées.

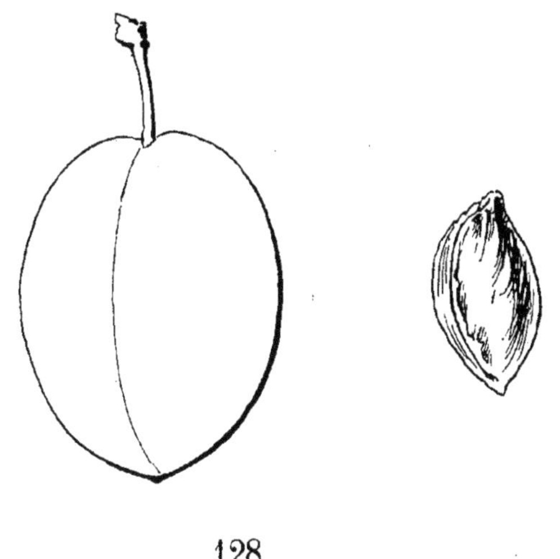

128

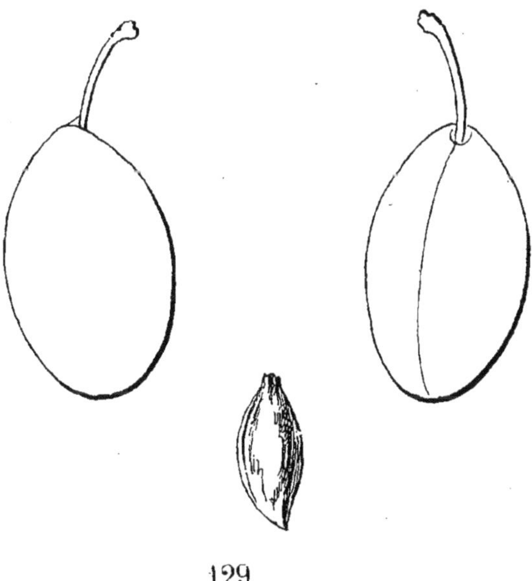

129

128. VRAI ROGNON DE COQ. 129. SCARNADA.

Peingeon, Del. Imp. Authier et Barbier, Bo

PRUNE GONNE

[N° 130]

Album de Pomologie. Bivort.
Annales de Pomologie belge. 1858. A. Royer.
GONNE. *The Fruits and the fruit-trees of America*. Downing.

Observations. — Les descriptions de MM. Bivort et Auguste Royer ont été faites sur des fruits récoltés sur espalier et diffèrent de la mienne pour le volume du fruit qui est seulement moyen sur haute tige. — L'arbre est d'une grande vigueur; il forme une tête conique-renversée bien compacte. Sa fertilité est assez précoce, bonne et soutenue. Son fruit est d'assez bonne qualité.

DESCRIPTION.

Rameaux forts, presque unis ou obscurément anguleux dans leur contour, bien droits, à entre-nœuds courts, d'un brun jaunâtre du côté de l'ombre, d'un brun rougeâtre sombre du côté du soleil, couverts sur presque toute leur longueur d'un duvet extraordinairement court et peu épais.

Boutons à bois coniques, un peu maigres et bien finement aigus, à direction parallèle au rameau, soutenus sur des supports saillants dont l'arête médiane ne se prolonge pas ou peu distinctement; écailles d'un marron très-foncé et sombre.

Pousses d'été d'un vert très-clair, lavées de rouge sanguin du côté du soleil et couvertes sur toute leur longueur d'un duvet fin, soyeux et peu épais.

Feuilles des pousses d'été moyennes, ovales-arrondies ou ovales bien élargies, se terminant régulièrement en une pointe extraordinairement courte et bien aiguë, un peu concaves et non arquées, bordées de dents profondes, surdentées et obtuses, bien fermes sur leurs pétioles très-courts, forts, redressés, duveteux et munis de deux grosses glandes globuleuses jaunes.

Stipules courtes, finement lancéolées et divisées à leur base en deux lobes fins et presque égaux.

Boutons à fruit moyens, ovo-ellipsoïdes, finement aigus, réunis sur des dards assez courts et peu forts ; écailles d'un marron très-foncé.

Fleurs moyennes, souvent semi-doubles ; pétales bien élargis, peu concaves, peu profondément et largement échancrés à leur sommet ; divisions du calice courtes, étroites, peu atténuées et obtuses à leur extrémité ; pédicelles de moyenne longueur et très-grêles.

Feuilles des productions fruitières assez petites, ovales-elliptiques, quelques-unes brusquement et courtement atténuées vers le pétiole, largement obtuses à leur extrémité, planes, bien régulièrement bordées de dents extraordinairement fines, peu profondes et aiguës, bien soutenues sur des pétioles très-courts, grêles, raides et redressés.

Caractère saillant de l'arbre : teinte générale du feuillage d'un vert bleu assez intense, peu brillant ou mat ; toutes les feuilles bien fermes sur leurs pétioles remarquablement courts ; branches érigées et fastigiées ; serrature des feuilles des productions fruitières remarquablement fine et aiguë.

Fruit moyen, sphérico-ellipsoïde, se terminant à ses deux extrémités en deux hémisphères à peu près égaux, assez convexe par ses joues, et également convexe par ses faces dont l'une est traversée par un sillon large et souvent très-peu prononcé.

Peau fine, mince, se détachant de la chair à l'entière maturité, d'abord d'un pourpre clair, puis passant à la maturité, **commencement d'août,** au pourpre foncé presque noir sur les parties les mieux éclairées et recouvert d'une fleur bleue, fine et épaisse. Point pistillaire rougeâtre, placé à fleur de la pointe du fruit.

Queue courte, peu forte, attachée dans une cavité très-étroite et peu profonde.

Chair d'un jaune verdâtre, fine, tendre, suffisante en jus sucré et un peu relevé, constituant un fruit d'assez bonne qualité.

Noyau petit pour le volume du fruit, ovoïde un peu élargi, se terminant peu brusquement à son point d'attache à la queue en une pointe très-courte et finement échancrée, s'atténuant régulièrement à son autre extrémité en une pointe peu appréciable, à joues bien bombées, distinctement et une fois plissées vers le point d'attache, presque unies dans leur surface et se détachant bien de la chair ; suture ventrale largement et un peu profondément sillonnée, largement et peu profondément crénelée par ses bords ; arête dorsale épaisse, saillante, tranchante sur toute sa longueur ; rainures latérales peu appréciables.

PRUNE COCHET PÈRE

[N° 131]

Catalogue Simon-Louis, de Metz. 1872.

Observations. — Cette variété a été obtenue et livrée au commerce il y a peu d'années par M. Cochet, pépiniériste-rosiériste à Suisne, près de Brie-Comte-Robert (Seine-et-Marne). — Quoique très-vigoureux, l'arbre se prête assez bien aux formes soumises à la taille; sa place est indiquée dans le jardin fruitier par sa fertilité précoce et surtout par la beauté de son fruit. C'est en effet une magnifique Prune de dessert, certainement l'une des plus belles connues; elle est en outre particulièrement propre à la fabrication de pruneaux énormes qui pourront rivaliser avec les plus estimés.

DESCRIPTION.

Rameaux de moyenne force, un peu anguleux dans leur contour, droits, à entre-nœuds assez courts, verdâtres du côté de l'ombre, d'un brun rougeâtre sombre du côté du soleil, recouverts sur toute leur longueur d'un duvet court et hérissé.

Boutons à bois moyens, coniques bien aigus, à direction peu écartée du rameau, soutenus sur des supports saillants dont les côtés et l'arête médiane se prolongent assez distinctement; écailles d'un marron rougeâtre clair et ombré de gris.

Pousses d'été d'un vert tendre, peu lavées de rouge du côté du soleil, et couvertes sur toute leur longueur d'un duvet bien hérissé.

Feuilles des pousses d'été assez grandes, obovales-élargies, assez courtement atténuées vers le pétiole, presque obtuses à leur autre extrémité, peu concaves ou souvent convexes, bordées de dents très-peu profondes et bien couchées, mal soutenues sur des pétioles moyens, bien forts, duveteux, bien souples, munis de deux glandes vertes et le plus souvent ovalaires.

Stipules très-caduques.

Boutons à fruit petits, conico-ovoïdes, bien aigus, réunis sur des dards un peu longs et assez grêles; écailles d'un marron rougeâtre clair et terne.

Fleurs.....

Feuilles des productions fruitières assez petites ou petites, obovales un peu élargies, courtement et peu atténuées du côté du pétiole, largement obtuses à leur autre extrémité, le plus souvent convexes, bordées de dents très-peu profondes, bien couchées et émoussées, soutenues sur des pétioles moyens et forts.

Caractère saillant de l'arbre: teinte générale du feuillage d'un vert pré bien mat, et les feuilles duveteuses dans leur jeunesse; serrature de toutes les feuilles remarquablement peu profonde et couchée.

Fruit moyen ou gros, obovoïde, un peu plus atténué et un peu tronqué du côté de la queue, moins atténué et également tronqué du côté du point pistillaire, peu convexe par ses joues, également convexe par ses faces dont l'une est traversée par un sillon le plus souvent seulement indiqué.

Peau fine, mince, d'abord d'un vert jaunâtre pâle, puis passant à la maturité, **fin d'août,** au rose terne un peu plus intense du côté du soleil, et voilé d'une fleur fine de couleur lilas. Point pistillaire roussâtre, placé dans un petit creux à l'extrémité du sillon.

Queue courte, forte, de couleur bois, attachée dans une cavité étroite et profonde.

Chair jaunâtre, bien fine, succulente, suffisante en jus sucré, acidulé et finement parfumé, constituant un fruit de bonne qualité.

Noyau assez petit pour le volume du fruit, ovoïde un peu allongé, un peu tronqué et échancré à son point d'attache à la queue, tronqué plutôt qu'obtus à son autre extrémité, à joues peu bombées, courtement et une fois plissées vers le point d'attache, chagrinées et se détachant bien de la chair; suture ventrale largement et assez profondément sillonnée, obscurément crénelée par ses bords; arête dorsale peu épaisse, saillante et tranchante sur la plus grande partie de sa longueur; rainures latérales bien finement creusées.

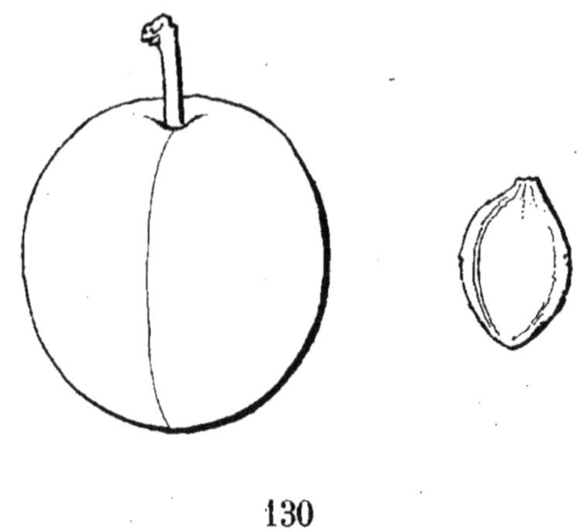

130

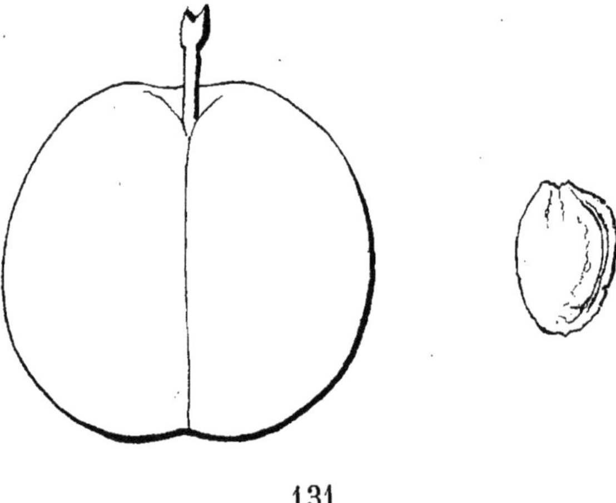

131

130. PRUNE GONNE. 131. PRUNE COCHET PÈRE.

Peingeon, Del. Imp. Authier et Barbier. Bourg.

MARTEN'S SEEDLING

[N° 132]

The American fruit Culturist. THOMAS.
MARTEN. *The Fruits and the fruit-trees of America.* DOWNING.

OBSERVATIONS. — Cette Prune est un semis de hasard trouvé dans le jardin de M. Marten, à Schenectady (New-York). — L'arbre est vigoureux et très-productif. Son fruit est de bonne qualité.

DESCRIPTION.

Rameaux de moyenne force, finement anguleux dans leur contour, droits, à entre-nœuds de moyenne longueur, d'un brun verdâtre du côté de l'ombre, d'un rouge sanguin intense du côté du soleil, glabres ou presque glabres sur toute leur longueur.

Boutons à bois petits, coniques-renflés, bien aigus, à direction presque parallèle au rameau, soutenus sur des supports saillants dont les côtés et l'arête médiane se prolongent finement ; écailles d'un marron terne.

Pousses d'été.....

Feuilles des pousses d'été.....

Stipules.....

Boutons à fruit moyens, conico-ovoïdes, réunis assez nombreux sur des dards courts et un peu forts ; écailles d'un marron sombre.

Fleurs moyennes ; pétales bien élargis, souvent profondément échancrés et un peu lavés de jaune verdâtre à leur sommet, peu concaves ; divisions du calice assez courtes, non atténuées et bien obtuses à leur extrémité ; pédicelles assez courts et grêles.

Feuilles des productions fruitières.....

Caractère saillant de l'arbre : .....

Fruit gros, irrégulièrement ovoïde, un peu plus épaissi et assez largement tronqué du côté de la queue, s'atténuant un peu plus par une joue que par l'autre pour se terminer en une pointe obtuse vers le point pistillaire, à joues largement convexes, un peu plus convexe par une de ses faces et traversé sur l'autre par un sillon un peu oblique, extraordinairement large et profond, qui le divise en deux parties dont l'une est beaucoup plus forte que l'autre.

Peau un peu épaisse et ferme, d'abord d'un vert très-clair passant au vert blanchâtre, et à la maturité, **milieu d'août**, au jaune clair souvent moucheté de pourpre du côté du soleil, et recouvert d'une fleur blanchâtre peu épaisse. Point pistillaire placé dans une dépression peu profonde et assez régulièrement évasée pour que souvent elle serve de point d'appui au fruit pour se tenir debout.

Queue courte, bien forte, boutonnée à son point d'attache au rameau, fixée dans une cavité large, profonde et largement ouverte du côté du sillon.

Chair d'un jaune clair, demi-fine, assez tendre, abondante en jus sucré, relevé d'une saveur abricotée agréable, constituant un fruit de bonne qualité.

Noyau proportionné au volume du fruit, ovo-ellipsoïde-élargi et comprimé, se terminant un peu brusquement à son point d'attache à la queue en une pointe courte et presque aiguë, très-largement obtus à son autre extrémité surmontée d'une pointe extraordinairement petite, à joues peu bombées, traversées par des plis prononcés, un peu raboteuses et ne se détachant pas toujours parfaitement de la chair ; suture ventrale étroitement et peu profondément sillonnée, unie par ses bords ; arête dorsale peu épaisse, bien saillante et tranchante sur toute sa longueur ; rainures latérales très-étroites et très-peu profondes.

DAMAS TARDIF

[N° 133]

DAMAS NOIR TARDIF. *Traité des Arbres fruitiers.* Duhamel.
Traité complet sur les pépinières. Calvel.
Manuel complet du Jardinier. Noisette.

SPÄTE SCHWARZE DAMASZENERPFLAUME. *Systematisches Handbuch der Obstkunde.* Dittrich.

Observations. — Cette variété ancienne est décrite par Duhamel sans indication d'origine. — L'arbre, de vigueur moyenne, forme une tête d'assez petite dimension, à branches érigées, puis divergentes, peu compacte. Sa fertilité est très-précoce et bonne. Son fruit n'est que de troisième qualité.

DESCRIPTION.

Rameaux assez peu forts, finement anguleux dans leur contour, droits, à entre-nœuds courts et inégaux entre eux, d'un brun jaunâtre taché de rouge vineux à leur partie inférieure, d'un rouge lie de vin intense à leur partie supérieure, couverts sur toute leur longueur d'un duvet très-court et hérissé.

Boutons à bois extraordinairement petits, très-courts, épatés et obtus, à direction un peu écartée du rameau, soutenus sur des supports peu saillants dont les côtés et l'arête médiane se prolongent très-finement; écailles d'un rouge foncé et brillant.

Pousses d'été presque droites, d'un vert clair et vif, lavées de rouge à leur sommet et du côté du soleil, couvertes sur toute leur longueur d'un duvet très-court et serré.

Feuilles des pousses d'été moyennes, obovales-arrondies, se terminant peu brusquement en une pointe courte et très-finement aiguë, souvent ondulées, un peu relevées par leurs bords et arquées, bordées de dents larges, profondes et arrondies, bien soutenues sur des pétioles très-courts, forts, presque horizontaux, munis de deux glandes globuleuses jaunes attachées tout-à-fait à la base du limbe.

Stipules très-courtes et fines, une fois lobées à leur base.

Boutons à fruit petits, conico-ovoïdes, courts, épais et courtement aigus, réunis sur des dards extraordinairement courts et forts; écailles d'un marron noirâtre et terne.

Fleurs petites; pétales bien élargis, souvent dentés à leur sommet un peu échancré, planes, se recouvrant bien les uns les autres; divisions du calice moyennes, un peu atténuées, un peu obtuses ou presque aiguës; pédicelles très-courts et très-grêles.

Feuilles des productions fruitières petites, obovales-allongées et largement obtuses à leur sommet, un peu creusées en gouttière et arquées, plutôt crénelées que dentées dans leurs bords, très-bien soutenues sur des pétioles très-courts, peu forts et bien redressés.

Caractère saillant de l'arbre : aspect général de raideur dans tous les organes de l'arbre; feuilles des pousses d'été extraordinairement épaisses; tous les pétioles très-courts.

Fruit petit, presque ellipsoïde, plutôt court qu'allongé, quelquefois presque sphérique, un peu plus atténué du côté du point pistillaire que du côté de la queue où il est un peu tronqué, tandis qu'il est seulement obtus du côté opposé, à joues largement convexes et conservant à peu près la même convexité par ses faces, dont l'une est partagée en deux parties à peu près égales par un sillon très-peu prononcé, bien évasé.

Peau fine, ne se détachant pas de la chair, d'abord d'un pourpre foncé, puis passant à la maturité, **fin d'août**, au violet foncé recouvert d'une fleur bleuâtre, fine et bien fondue. Point pistillaire grisâtre, un peu saillant à l'extrémité du sillon.

Queue de moyenne longueur, grêle, de couleur claire, attachée dans une cavité étroite et un peu profonde.

Chair d'un vert clair, tendre, fondante, abondante en jus sucré-acidule, quelquefois un peu âpre, constituant un fruit seulement de troisième qualité.

Noyau proportionné au volume du fruit, bien régulièrement ovoïde, peu comprimé, s'arrondissant à son point d'attache à la queue et se terminant du côté opposé en une petite pointe presque imperceptible, à joues bien régulièrement convexes, comme chagrinées, et ne se détachant pas bien de la chair; suture ventrale largement sillonnée et crénelée par ses bords; arête dorsale très-épaisse, un peu saillante seulement par sa partie centrale; rainures latérales bien prononcées.

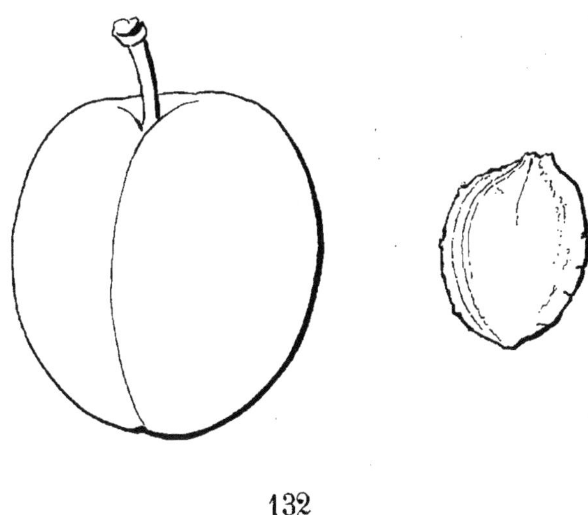

132

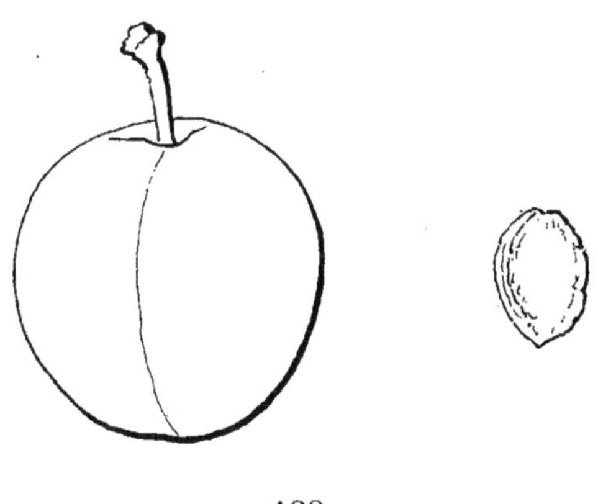

133

132. MARTEN'S SEEDLING. 133. DAMAS TARDIF.

Peingeon, Del. Imp. Authier et Barbier, Bou

PRUNELLE JAUNE

(PRUNELLE GELBE)

[N° 134]

Systematische Anleitung zur Kenntniss der Pflaumen. LIEGEL.
Catalogue JAHN, de Meiningen. 1864.

OBSERVATIONS. — Je n'ai pu recueillir aucun renseignement sur l'origine de cette variété ; Jahn dit qu'elle est peut-être la même que la Prune Poire blanche de Gunderode. — L'arbre, de vigueur moyenne, est peu disposé aux formes régulières. Sa haute tige forme une tête à branches érigées et peu compacte. Sa fertilité est précoce, bonne et soutenue. Son fruit est de bonne qualité pour la table.

DESCRIPTION.

Rameaux peu forts, fluets à leur sommet, bien unis dans leur contour, droits, à entre-nœuds très-courts, d'un brun verdâtre ou jaunâtre du côté de l'ombre, d'un brun rougeâtre sombre et voilé d'une très-mince pellicule du côté du soleil, glabres sur toute leur longueur ; lenticelles manquant ordinairement.

Boutons à bois très-petits, coniques, courts et bien aigus, à direction plus ou moins écartée du rameau, soutenus sur des supports bien saillants dont les côtés et l'arête médiane ne se prolongent pas ; écailles d'un marron peu foncé et un peu ombré de gris.

Pousses d'été.....

Feuilles des pousses d'été.....

Stipules.....

Boutons à fruit très-petits, coniques-allongés, très-maigres, finement aigus, situés le long de dards un peu allongés et très-grêles ; écailles d'un marron peu foncé.

Fleurs presque moyennes; pétales elliptiques, peu larges, un peu concaves; divisions du calice assez courtes et régulièrement ovales; pédicelles longs et de moyenne force.

Feuilles des productions fruitières.....

Caractère saillant de l'arbre.....

Fruit moyen ou presque moyen, obovoïde, plus atténué, un peu obtus ou à peine tronqué à son point d'attache à la queue, moins atténué et bien obtus vers le point pistillaire, largement convexe par ses joues, également convexe par ses faces dont l'une est traversée par un sillon seulement indiqué.

Peau fine, mince, d'abord d'un vert très-clair, puis passant à la maturité, **fin d'août,** au jaune d'or ponctué de blanc, taché de rose pourpre du côté du soleil et qui prend un ton lilas par sa fleur blanche très-fine, bien transparente, recouvrant toute sa surface. Point pistillaire jaunâtre, attaché à fleur du fruit.

Queue assez longue, grêle, attachée dans une cavité très-étroite et peu profonde.

Chair jaune, fine, tendre, fondante, abondante en jus bien sucré, vineux, acidulé, parfumé, constituant un fruit de bonne qualité.

Noyau proportionné au volume du fruit, bien atténué et à peine tronqué à son point d'attache à la queue, obtus à son autre extrémité brusquemeut surmontée d'une petite pointe, à joues assez peu bombées, raboteuses et ne se détachant pas de la chair; suture ventrale largement et peu profondément sillonnée, obscurément crénelée par ses bords; arête dorsale un peu épaisse, bien saillante et bien tranchante vers le point d'attache; rainures latérales étroites et un peu creusées.

MADAME NICOLLE

[N° 135]

Catalogue Simon-Louis frères, de Metz.

PRUNE SOUVENIR DE MADAME NICOLLE. *Bulletin de la Société d'horticulture de la Seine-Inférieure.* 1866. Ferdinand Mauduit.

Observations. — Cette variété provient d'un semis de l'infatigable semeur M. Nicolle, qui l'a dédiée à la mémoire de Madame Nicolle; l'arbre, âgé de neuf à dix ans, a fructifié pour la première fois en 1864. MM. les membres de la Société d'horticulture de la Seine-Inférieure ont pu juger du mérite de cette nouvelle variété; des fruits leur ayant été présentés et dégustés en séance, ce fut à l'unanimité que cette Prune a été classée parmi celles de première qualité. — L'arbre est d'une belle végétation, à branches assez fortes, de moyenne dimension, divergentes; il demande à être greffé sur des sujets très-vigoureux et réclame une taille courte; il s'accommode de toutes formes soumises à la taille. Sa fertilité est bonne.

DESCRIPTION.

Rameaux forts, d'un brun clair marbré de gris, recouverts d'une pellicule bleuâtre, à entre-nœuds de moyenne longueur.

Boutons à bois moyens ou petits, coniques un peu aigus, soutenus sur des supports très-peu saillants dont les côtés et l'arête médiane se prolongent peu distinctement.

Pousses d'été.....

Feuilles des pousses d'été ovales, épaisses, arquées, bordées de dents profondes, obtuses et inégales, soutenues sur des pétioles forts, courts, recourbés, colorés de rouge vineux.

Stipules moyennes, lancéolées, munies chacune d'un petit lobe ou appendice de même forme.

Boutons à fruit petits, coniques, bruns, réunis sur des dards petits, grêles.

Fleurs presque moyennes ; pétales elliptiques-arrondis, un peu concaves, à peine lavés de jaune à leur sommet ; divisions du calice longues, un peu atténuées, peu obtuses ; pédicelles moyens et de moyenne force, glabres.

Feuilles des productions fruitières elliptiques, plus ou moins atténuées vers le pétiole et plus finement dentées que celles des pousses d'été.

Caractère saillant de l'arbre : teinte générale du feuillage d'un beau vert intense et luisant ; toutes les feuilles à dentelure profonde, obtuse et irrégulière.

Fruit moyen, sphérique, atténué à ses deux extrémités légèrement aplaties.

Peau d'un vert herbacé, passant à la maturité, **commencement de septembre,** au jaune verdâtre, ponctué et marbré de pourpre clair sur les parties les mieux exposées.

Queue de moyenne longueur, légèrement courbée, attachée dans une cavité peu profonde, évasée presque à fleur du fruit.

Chair d'un jaune verdâtre, demi-ferme et cependant fondante, légèrement adhérente, abondante en jus très-sucré, relevé d'un parfum très-agréable, constituant un fruit de première qualité, plus tardif que la Reine-Claude, ayant le mérite de ne pas se fendre.

Noyau ovale, aplati, muni d'une arête assez forte.

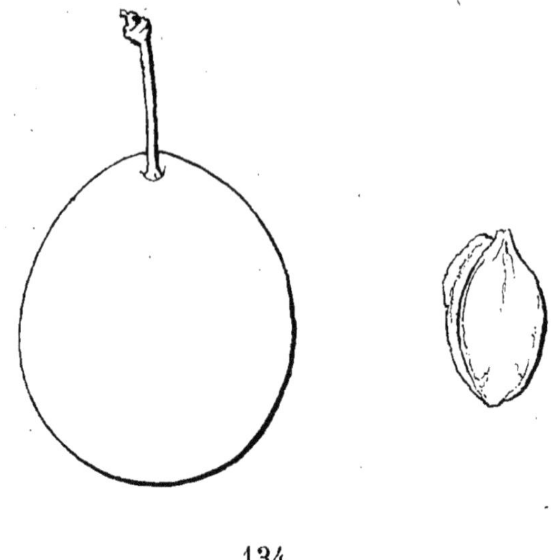

134

135

134. PRUNELLE JAUNE. 135. MADAME NICOLLE.

ingeon, Del. Imp. Authier et Barbier, Bourg.

ROUGE DE DENNISTON

(DENNISTON'S RED)

[N° 136]

The Fruits and the fruit-trees of America. Downing.

Observations. — Cette variété, d'origine américaine, a été introduite d'Angleterre en France, il y a environ trente ans, par MM. Jamin et Durand, pépiniéristes à Bourg-la-Reine; déjà décrite dans le *Verger*, je crois utile de la reproduire dans ma *Pomologie*. — L'arbre, d'une vigueur peu commune, est rustique et fertile. Son fruit, d'assez bonne qualité et de jolie apparence, se recommande pour la culture de spéculation et l'approvisionnement des marchés.

DESCRIPTION.

Rameaux forts, obscurément anguleux dans leur contour, d'un brun rougeâtre brillant, recouverts d'une pellicule épaisse et un peu fendillée du côté du soleil, glabres sur toute leur longueur.

Boutons à bois petits, coniques, courts et aigus, appliqués au rameau, soutenus sur des supports saillants dont les côtés se prolongent distinctement; écailles d'un brun noirâtre sombre et terne.

Pousses d'été d'un vert d'eau, lavées de rouge du côté du soleil et glabres sur toute leur longueur.

Feuilles des pousses d'été grandes, presque elliptiques, se terminant brusquement en une pointe peu longue, largement creusées et non arquées, bordées de dents un peu profondes, surdentées, recourbées et très-courtement aiguës, soutenues horizontalement sur des pétioles courts, forts, glabres et horizontaux; deux petites glandes vertes sont le plus ordinairement attachées à la base du limbe.

Stipules moyennes, fines, finement et courtement lobées à leur base.

Boutons à fruit petits, coniques-allongés et aigus, réunis sur des dards courts, peu forts, attachés perpendiculairement au rameau; écailles d'un marron rougeâtre terne.

Fleurs moyennes; pétales bien atténués à la base, à long onglet, bien écartés entre eux, un peu concaves; divisions du calice moyennes, étroites, finement dentées, peu aiguës; pédicelles de moyenne longueur, de moyenne force, lisses.

Feuilles des productions fruitières presque moyennes, obovales-allongées, et quelques-unes un peu élargies, courtement et assez sensiblement atténuées vers le pétiole, presque planes ou peu concaves, bordées de dents un peu profondes, un peu recourbées et aiguës, soutenues sur des pétioles longs et de moyenne force.

Caractère saillant de l'arbre : teinte générale du feuillage d'un vert pré tendre et mat; feuilles des pousses d'été amples, remarquablement creusées en gouttière et très-épaisses; aspect général d'une grande vigueur.

Fruit gros, ellipsoïde, un peu tronqué à ses deux pôles et s'atténuant presque insensiblement un peu plus du côté du point pistillaire que du côté de la queue, largement convexe par ses joues, également convexe par ses faces, dont l'une, à peine comprimée, est traversée par un sillon très-peu prononcé, le plus souvent seulement indiqué.

Peau un peu ferme, d'abord d'un vert terne, puis se couvrant par places d'un pourpre clair, et enfin, à l'entière maturité, **fin d'août,** se recouvrant entièrement ou presque entièrement d'un pourpre plus intense, plus vif, semé sur quelques parties de très-petits points blanchâtres, très-nombreux, et recouvert d'une fleur d'un rose lilas qui lui donne la plus jolie apparence. Point pistillaire gris jaunâtre, un peu creusé à l'extrémité du sillon.

Queue un peu longue, grêle, attachée dans une cavité étroite et peu profonde.

Chair jaunâtre, assez fine, un peu succulente, abondante en jus bien sucré, relevé et agréablement parfumé, constituant un fruit de première qualité.

Noyau un peu gros pour le volume du fruit, irrégulièrement ovoïde un peu comprimé, sensiblement atténué et presque aigu à son point d'attache à la queue, un peu obtus à son autre extrémité surmontée d'une très-petite pointe, à joues peu bombées, un peu sillonnées vers le point d'attache et vers l'arête dorsale, peu raboteuses, se détachant bien de la chair; suture ventrale largement et peu profondément sillonnée, presque unie par ses bords; arête dorsale épaisse, saillante et bien tranchante sur une partie de son étendue; rainures latérales étroites et un peu profondes.

COE'S A FRUIT VIOLET

[N° 137]

Revue horticole. 1871. O. THOMAS.
COE'S VIOLET. *The Fruits and the fruit-trees of America.* DOWNING.

OBSERVATIONS. — Cette variété est issue non pas d'un semis, mais bien d'un singulier fait de dimorphisme (accident de branche fixé du prunier Goutte d'Or), remarqué il y a environ vingt ans par M. Dupuy-Jamain, pépiniériste, qui la propagea. Ce n'est donc qu'une variation, fort intéressante du reste, de la Goutte-d'Or ou Coe's Golden Drop, des Anglais, dont elle ne diffère que par la teinte violacée de la peau du fruit. Il me semble aussi que cette variation de la prune Goutte d'Or produit des fruits plus tardifs dans leur maturité que ceux du type. Cette jolie et excellente Prune ne doit manquer dans aucune collection.

DESCRIPTION.

Rameaux.....

Boutons à bois.....

Pousses d'été d'un vert d'eau, lavées de rouge violet du côté du soleil et glabres sur toute leur longueur.

Feuilles des pousses d'été moyennes, ovales un peu élargies, se terminant un peu brusquement en une pointe extraordinairement courte, largement creusées en gouttière et souvent très-largement contournées sur leur longueur, bordées de dents larges, un peu profondes, surdentées, un peu recourbées et courtement aiguës, bien soutenues sur des pétioles assez courts, peu forts et redressés.

Stipules courtes, finement lancéolées et le plus souvent une seule fois lobées.

Boutons à fruit .....

Fleurs moyennes ; pétales elliptiques un peu élargis et profondément dentés à leur sommet, peu concaves ; divisions du calice courtes, étroites et obtuses ; pédicelles grêles, assez longs et lisses.

Feuilles des productions fruitières assez grandes, obovales très-allongées, très-longuement et très-sensiblement atténuées vers le pétiole, obtuses à leur extrémité, bien repliées et arquées, bordées de dents larges, profondes, recourbées et assez aiguës, soutenues sur des pétioles assez courts et forts.

Caractère saillant de l'arbre : teinte générale du feuillage d'un vert bleu intense et brillant ; feuilles des productions fruitières bien allongées et bien atténuées vers le pétiole, d'une dimension remarquable dans l'espèce.

Fruit gros ou même très-gros, ovoïde, assez sensiblement atténué et se terminant souvent brusquement en un petit mamelon du côté de la queue, plus sensiblement atténué et obtus du côté du point pistillaire, très-largement convexe par ses joues, également convexe par une de ses faces, et à peine un peu plus convexe par la face opposée souvent partagée en deux parties inégales par un sillon très-étroit, très-peu profond ou seulement indiqué par un ligne d'un violet foncé.

Peau fine, mince, d'abord d'un vert d'eau lavé de pourpre, puis passant à la maturité, **octobre**, au jaune doré pointillé de blanc, largement lavé de pourpre vineux du côté du soleil, marbré de la même couleur sur les parties moins éclairées, et pur seulement sur les parties entièrement à l'ombre. Une fleur lilas recouvre sa surface et lui donne le plus joli aspect. Point pistillaire grisâtre, placé dans une petite dépression oblique par rapport à la différence de saillie des deux joues du fruit.

Queue de moyenne longueur, de moyenne force, attachée dans une cavité étroite et peu profonde formée par le petit mamelon qui surmonte le fruit.

Chair d'un vert clair, demi-fine, fondante, ruisselante en eau sucrée, agréablement relevée d'une saveur rafraîchissante, constituant un fruit de première qualité.

Noyau petit pour le volume du fruit, un peu obovoïde, régulièrement et peu atténué et peu tronqué à son point d'attache à la queue, obtus à son autre extrémité surmontée d'une très-petite pointe, à joues peu bombées, traversées sur toute leur hauteur par un pli saillant, raboteuses, adhérant en grande partie à la chair ; suture ventrale largement et peu profondément sillonnée, très-largement crénelée par ses bords ; arête dorsale très-épaisse, un peu saillante et tranchante du côté du point d'attache, non saillante et aplanie sur le reste de son étendue ; rainures latérales très-finement et très-peu profondément creusées.

PRÉCOCE DEFRESNES

[N° 138]

Observations. — Probablement la même que la Mirabelle double de Metz? — Son fruit est d'assez bonne qualité.

DESCRIPTION.

Rameaux.....

Boutons à bois.....

Pousses d'été d'un vert très-clair, un peu lavées de rouge rosat du côté du soleil, couvertes sur toute leur longueur d'un duvet extraordinairement court, presque imperceptible.

Feuilles des pousses d'été petites, ovales-elliptiques, se terminant peu brusquement en une pointe courte, large et peu aiguë, à peine concaves ou même parfois un peu convexes, finement et régulièrement crénelées par leurs bords, bien soutenues sur des pétioles très-courts, peu forts, raides, d'un rouge clair et vif, un peu duveteux et munis de deux petites glandes globuleuses d'un rouge très-clair.

Stipules courtes, une fois et finement lobées.

Boutons à fruit.....

Fleurs bien grandes; pétales ovales-allongés, peu larges, crispés, bien écartés entre eux; divisions du calice un peu longues, peu larges, atténuées et aiguës; pédicelles moyens, de moyenne force et glabres.

Feuilles des productions fruitières petites, obovales plus ou moins élargies et bien obtuses à leur extrémité, concaves ou creusées en gouttière, bordées de dents fines, très-peu profondes, couchées et obtuses, bien soutenues sur des pétioles courts, peu forts, raides et divergents.

Caractère saillant de l'arbre: teinte générale du feuillage d'un vert herbacé peu foncé; teinte des pétioles d'un rouge vif réellement remarquable; branchage et feuillage menus; arbre affectant un peu la tenue des Mirabelliers, mais dont le feuillage est cependant un peu plus ample que celui de la Petite Mirabelle ou celui de la Mirabelle tardive.

Fruit petit, ellipsoïde un peu tronqué à ses deux pôles, presque également atténué à ses deux extrémités, à joues très-peu convexes, à peine comprimé sur une de ses faces traversée par un sillon étroit et peu prononcé, largement convexe par la face opposée.

Peau un peu épaisse et ferme, d'abord d'un vert très-pâle, puis passant à la maturité, **fin de juillet,** au blanc jaunâtre recouvert d'une fine fleur blanche, et parfois lavé du côté du soleil d'un joli rose qui se disperse en un pointillé très-fin sur les parties moins éclairées. Point pistillaire brunâtre, petit, placé dans un petit creux à l'extrémité du sillon.

Queue assez courte, un peu forte, attachée dans une cavité extraordinairement étroite et peu profonde, dont les bords s'échancrent souvent pour laisser pénétrer le sillon.

Chair jaune, fine, un peu ferme, abondante en eau sucrée, acidulée, assez agréable.

Noyau proportionné au volume du fruit, exactement ellipsoïde, un peu échancré à son point d'attache à la queue, arrondi à son autre extrémité, à joues peu bombées, traversées sur une partie de leur longueur par quelques plis un peu saillants, surtout du côté du point d'attache, se détachant de la chair; suture ventrale non saillante et finement sillonnée; arête dorsale épaisse, très-aplanie, accompagnée de rainures latérales très-peu prononcées.

REINE-CLAUDE D'OCTOBRE

[N° 139]

OBSERVATIONS. — Cette variété, bien à apprécier pour l'époque tardive de sa maturité, a sa place marquée dans le jardin d'amateur. — L'arbre est de vigueur normale, à branches divergentes; il ne réussit pas dans les sols humides. Sa fertilité est seulement moyenne. Son fruit est d'excellente qualité.

DESCRIPTION.

Rameaux de moyenne force, anguleux dans leur contour, à entre-nœuds courts, d'un rouge brun noirâtre et plombé du côté de l'ombre, d'un rouge brun terne du côté du soleil.

Boutons à bois moyens, coniques-étroits, très-allongés, très-aigus, à direction légèrement écartée du rameau, soutenus par des supports saillants qui se prolongent de trois côtés sensiblement sur le rameau ; écailles lisses, d'un marron noirâtre.

Pousses d'été grêles, allongées, lisses, d'un beau rouge violacé noirâtre à la base, d'un vert teinté de rougeâtre au sommet.

Feuilles des pousses d'été de moyenne grandeur, ovales-élargies ou ovales-arrondies, obtuses ou à pointe très-courte, convexes, crénelées plutôt que dentées, se recourbant en dessous par leur pointe, soutenues par des pétioles courts, forts, presque horizontaux, munis de petites glandes vertes; les feuilles de l'extrémité teintées de rougeâtre.

Stipules assez courtes, filiformes.

Boutons à fruit petits, coniques-renflés, aigus, portés sur des dards faibles, courts ou un peu allongés ; écailles d'un marron foncé.

Fleurs petites; pétales bien arrondis, presque planes, entiers dans leurs bords, d'un jaune verdâtre avant l'épanouissement; divisions du calice d'un vert jaunâtre, courtes, un peu rétrécies à leur extrémité; pédicelles assez longs, très-grêles.

Feuilles des productions fruitières beaucoup plus petites que celles des pousses d'été, presque planes, presque également rétrécies à leurs deux extrémités, bien régulièrement bordées de dents fines et peu profondes, bien dressées sur des pétioles assez courts, grêles et très-raides.

Caractère saillant de l'arbre : couleur foncée des rameaux ; branches divariquées.

Fruit presque moyen ou moyen, sphérique, aplati sur ses deux pôles, à sillon très-peu prononcé et le partageant en deux parties à peu près égales.

Peau épaisse et ferme, d'abord d'un vert pâle semé de très-légères et petites tavelures grises. A la maturité, **commencement et milieu d'octobre,** le vert fondamental passe au jaune verdâtre recouvert d'une fleur blanchâtre assez épaisse, et le côté du soleil est remarquable par de petites taches de différentes grandeurs d'un rose violacé.

Queue grêle, assez longue, d'un brun clair au soleil, d'un vert jaunâtre à l'ombre, insérée bien perpendiculairement dans une cavité assez large et peu profonde.

Chair d'un jaune brillant et transparent, très-fine, abondante en eau miellée, richement parfumée, constituant un fruit de toute première qualité.

Noyau petit, largement ellipsoïde, presque arrondi, à joues un peu convexes et peu plissées ; suture ventrale largement sillonnée et crénelée d'une manière remarquable dans ses bords ; arête dorsale assez saillante et tranchante ; rainures latérales étroites et très-peu profondes.

REINE-CLAUDE DE BRAHY

[N° 140]

Belgique horticole. T. V. Charles Morren.
BRAHY'S GREEN GAGE. *The Fruit Manual.* Robert Hogg.
The Fruits and the fruit-trees of America. Downing.

Observations. — Cette variété a été obtenue par M. Brahy-Ekenholm, à Herstal, près de Liège, et d'un semis de la Reine-Claude dorée ; son premier rapport eut lieu en 1850. — L'arbre, de bonne vigueur, est d'une fertilité soutenue ; il peut s'accommoder des formes soumises à la taille ; il convient surtout à l'espalier tendant à augmenter le volume de son fruit qui est excellent.

DESCRIPTION.

Rameaux.....

Boutons à bois.....

Pousses d'été de moyenne force, bien droites, entièrement lisses, d'un vert terne à l'ombre, colorées du côté du soleil d'un rouge sanguin intense bien uniforme et un peu violacé.

Feuilles des pousses d'été grandes, obovales-elliptiques, se terminant peu brusquement en une pointe courte, concaves, souvent largement ondulées et un peu convexes par leur milieu, bordées de dents un peu profondes, obtuses ou arrondies, bien soutenues sur des pétioles courts, peu forts, souvent dressés, munis de deux glandes globuleuses d'un vert jaunâtre.

Stipules moyennes, jaunes, lancéolées-étroites, profondément dentées, portant à leur base un seul lobe un peu allongé.

Boutons à fruit.....

Fleurs assez grandes ; pétales ovales-allongés, élargis, un peu concaves, chiffonnés, arrondis et un peu dentés à leur extrémité ; divisions du calice d'un vert clair, un peu élargies et rétrécies vers leur extrémité ; pédicelles courts, de moyenne force, presque lisses.

Feuilles des productions fruitières petites, obovales, très-sensiblement atténuées à leur base, se terminant peu brusquement en une pointe large, courte et bien obtuse, creusées en gouttière et bordées de dents fines, recourbées et aiguës, bien soutenues sur des pétioles très-courts, très-grêles et raides.

Caractère saillant de l'arbre : teinte générale du feuillage d'un vert jaune très-clair et brillant; pousses bien colorées ainsi que les pétioles.

Fruit gros, sphérique bien déprimé à ses deux pôles, convexe par ses joues, également convexe par ses faces dont l'une est partagée par un sillon large et très-prononcé.

Peau d'un vert clair, fine, passant à la maturité, **commencement de septembre,** au jaune verdâtre clair, parfois tacheté de vert foncé recouvert d'une légère fleur blanchâtre, très-dense et adhérente.

Queue verte, longue, forte, boutonnée à son point d'attache au rameau, insérée dans une cavité étroite, peu profonde et évasée.

Chair d'un vert jaunâtre, succulente, abondante en jus doux, sucré, rappelant le parfum de la Reine-Claude.

Noyau.....

MIRABELLE DOUBLE D'ARK

[N° 141]

Observations. — L'arbre est de vigueur normale et d'une grande fertilité. Son fruit est estimé pour la table et pour les conserves.

DESCRIPTION.

Rameaux.....

Boutons à bois ....

Pousses d'été assez fortes, droites, d'un rouge sanguin terne et voilé par un très-court duvet mais assez épais et qui les recouvre sur toute leur longueur.

Feuilles des pousses d'été moyennes, ovales un peu élargies, se terminant en une pointe courte, planes et largement ondulées, recourbées seulement un peu par leur pointe, bordées de dents régulièrement doubles, assez peu profondes et obtuses, soutenues un peu au-dessus de l'horizontale par des pétioles ayant la même direction, moyens, forts, munis de deux glandes ovalaires passant au rouge.

Stipules jaunes, courtes et très-fines, une fois lobées.

Boutons à fruit .....

Fleurs petites; pétales elliptiques un peu élargis, concaves, très-légèrement teintés de jaune à leur sommet; divisions du calice longues, larges, sensiblement atténuées et peu obtuses à leur extrémité; pédicelles courts, forts et glabres.

Feuilles des productions fruitières petites, obovales élargies, obtuses, à peine concaves, très-régulièrement bordées de dents fines et bien obtuses, un peu arquées, bien soutenues sur des pétioles moyens, de moyenne force et raides.

Caractère saillant de l'arbre : teinte générale du feuillage d'un beau vert décidé; direction perpendiculaire des branches et des rameaux.

Fruit presque moyen, ovoïde-court et épais, se terminant presque en demi-sphère et à peine atténué du côté de la queue, assez sensiblement atténué et un peu obtus du côté du point pistillaire, largement convexe par ses joues, également convexe par une de ses faces et plus convexe par la face opposée traversée par un sillon large et peu profond.

Peau un peu ferme, d'abord d'un vert très-clair, puis passant à la maturité, **fin d'août,** au jaune un peu verdâtre, parfois pointillé de pourpre du côté du soleil et voilé d'une fleur blanche très-fine et très-peu dense. Point pistillaire jaune, un peu saillant à l'extrémité du sillon.

Queue assez courte, un peu forte, attachée dans une cavité étroite et un peu profonde.

Chair d'un jaune pâle, ferme, succulente, peu abondante en jus sucré, vineux-acidule, agréablement relevé, constituant un fruit bon pour la table, à son extrême maturité, et surtout excellent pour la confiserie.

Noyau un peu petit pour le volume du fruit, ovoïde un peu élargi, un peu tronqué et à peine échancré à son point d'attache à la queue, se terminant presque régulièrement à son autre extrémité en une petite pointe très-aiguë, à joues peu bombées, un peu plissées et courtement vers le point d'attache, chagrinées et se détachant parfaitement de la chair; suture ventrale étroitement et peu profondément sillonnée, obscurément crénelée par ses bords ; arête dorsale épaisse, un peu saillante et finement tranchante vers le point d'attache, bien aplanie sur le reste de son étendue ; rainures latérales bien finement et bien régulièrement creusées.

SAINTE-CLARA

[N° 142]

Observations. — Cette Prune est de toute première qualité.

DESCRIPTION.

Rameaux.....

Boutons à bois .....

Pousses d'été fortes, bien droites, d'un beau vert vif, colorées de rouge clair à leur sommet et lisses sur toute leur longueur.

Feuilles des pousses d'été grandes, ovales-elliptiques, se terminant peu brusquement en une pointe large et courte, planes ou un peu convexes, très-largement ondulées, bordées de dents un peu larges, un peu profondes, souvent doubles et arrondies, s'abaissant peu sur des pétioles très-courts, forts, à peine colorés de rouge, à peine duveteux et munis de deux grosses glandes globuleuses d'un vert jaunâtre.

Stipules courtes, lancéolées, profondément dentées et deux fois lobées à leur base.

Boutons à fruit.....

Fleurs moyennes ; pétales ovales-elliptiques et élargis, largement arrondis à leur sommet, parfois très-finement crénelés, peu concaves ; divisions du calice courtes, larges, peu atténuées, obtuses ; pédicelles extraordinairement courts et un peu forts.

Feuilles des productions fruitières presque moyennes, obovales-allongées et se terminant régulièrement en une pointe nulle, à peine concaves et un peu arquées, bordées de dents fines, peu profondes, souvent doubles, recourbées et aiguës, bien soutenues sur des pétioles très-courts, grêles, un peu redressés.

Caractère saillant de l'arbre : feuilles des pousses d'été d'un beau vert brillant et comme vernissées, bien épaisses et largement ondulées ; tous les pétioles très courts.

Fruit moyen ou presque gros, sphérico-ellipsoïde, un peu plus atténué du côté du point pistillaire que du côté de la queue vers laquelle il est un peu plus largement déprimé que du côté opposé, à joues largement convexes, partagé en deux parties à peu près égales par un sillon large et assez prononcé sur une de ses faces, un peu comprimé, largement convexe par la face opposée, mais moins que par ses joues.

Peau fine, mince, un peu transparente, à la maturité se détachant bien de la chair, d'abord d'un vert clair, puis passant à la maturité, **commencement de septembre,** au jaune très-clair recouvert d'une fleur fine, peu épaisse et blanchâtre. Point pistillaire large, d'un gris jaunâtre, placé dans un petit creux à l'extrémité du sillon.

Queue courte, forte, bien épaissie à son point d'attache au rameau, insérée dans une cavité large, profonde, évasée, dont les bords s'abaissent un peu du côté du sillon.

Chair d'un jaune clair, fine, serrée, fondante, ruisselante en eau délicieusement sucrée et parfumée, constituant un fruit de toute première qualité, et, surtout pour la saison déjà tardive, on oserait le dire aussi bon que la Reine-Claude.

Noyau proportionné au volume du fruit, ovoïde un peu comprimé, un peu atténué vers son point d'attache à la queue d'une petite étendue, se terminant du côté opposé en une petite pointe peu appréciable, à joues un peu convexes surtout par leur centre, un peu raboteuses, finement plissées vers le point d'attache, se détachant de la chair ; suture ventrale largement et peu profondément sillonnée, à peine crénelée par ses bords ; arête dorsale épaisse, saillante, un peu tranchante vers le point d'attache ; rainures latérales fines et peu profondes.

QUETSCHE VERTE

[N° 143]

Observations. — Cette Quetsche est d'assez bonne qualité pour la table, et surtout excellente pour sécher.

DESCRIPTION.

Rameaux.....

Boutons à bois.....

Pousses d'été d'un vert d'eau terne, lavées de rouge vineux du côté du soleil et glabres sur toute leur longueur.

Feuilles des pousses d'été assez petites, obovales allongées et étroites, se terminant peu brusquement en une pointe longue et large, creusées en gouttière, largement ondulées et non arquées, bordées de dents fines, peu profondes et arrondies, soutenues horizontalement sur des pétioles de moyenne longueur, de moyenne force, ayant la même direction, à peine duveteux et munis de deux petites glandes globuleuses jaunes.

Stipules en alênes courtes et fines.

Boutons à fruit.....

Fleurs moyennes; pétales elliptiques, concaves, dentés à leur extrémité, à peine lavés de jaune verdâtre; divisions du calice très-longues, très-étroites, presque aiguës, d'une couleur très-claire; pédicelles longs, de moyenne force et un peu duveteux.

Feuilles des productions fruitières obovales un peu élargies, bien atténuées du côté du pétiole et du côté de leur pointe qui est peu obtuse ou presque aiguë, presque planes et largement ondulées, bordées de dents profondes, bien couchées ou recourbées et aiguës, bien soutenues sur des pétioles courts, grêles et divergents.

Caractère saillant de l'arbre: teinte générale du feuillage d'un vert d'eau terne et grisâtre; toutes les feuilles plutôt petites et plus ou moins ondulées dans leur contour.

Fruit moyen, obovoïde, un peu comprimé, plus atténué et un peu obtus du côté de la queue, très-largement et souvent un peu obliquement obtus du côté du point pistillaire, peu convexe par ses joues, un peu aplati par une de ses faces et un peu convexe par l'autre face traversée par un sillon très-peu prononcé.

Peau un peu ferme, d'abord d'un vert clair et vif, puis passant à la maturité, **fin d'août**, au vert jaunâtre très-finement moucheté de blanc et recouvert d'une fleur fine, peu épaisse, d'un blanc un peu verdâtre. Point pistillaire roussâtre, souvent un peu saillant à l'extrémité du sillon qui parfois se prolonge un peu au-delà et fait paraître la pointe du fruit comme échancrée.

Queue de moyenne longueur et de moyenne force, attachée dans une cavité très-étroite et très-peu profonde.

Chair d'un vert vif, assez fine, succulente, abondante en jus sucré, vineux, assez agréablement relevé pour constituer un fruit de bonne qualité pour être consommé cru et excellent pour sécher.

Noyau gros pour le volume du fruit, ovoïde bien allongé et bien comprimé, bien atténué et presque aigu à son point d'attache à la queue, s'atténuant un peu moins et régulièrement à son autre extrémité pour se terminer en une pointe un peu aiguë, à joues très-peu bombées, finement et plusieurs fois plissées vers le point d'attache, bien raboteuses et adhérant à la chair; suture ventrale imparfaitement sillonnée, largement et peu profondément crénelée par ses bords; arête dorsale très-épaisse, non saillante et bien aplanie; rainures latérales inappréciables.

MERVEILLE DE SEPTEMBRE

[N° 144]

Observations. — Cette variété de Prune est à conseiller seulement pour collection d'amateur.

DESCRIPTION.

Rameaux.....

Boutons à bois.....

Pousses d'été fortes et bien droites, d'un brun violacé à leur base, d'un rouge sanguin foncé intense à leur sommet, lisses sur toute leur étendue.

Feuilles des pousses d'été moyennes, ovales, largement arrondies, grossièrement bullées dans leur surface, se terminant très-brusquement en une pointe très-courte, bordées d'une crénelure double, large et profonde, largement recourbées et contournées en dessous, soutenues par des pétioles courts, forts, presque horizontaux, un peu duveteux, un peu rouges, munis de glandes réniformes, souvent remplacées par deux petits appendices attachés à la base de la feuille.

Stipules assez grandes, ovales, lancéolées bien élargies, dentées, deux fois lobées à leur base.

Boutons à fruit.....

Fleurs petites ; pétales elliptiques-arrondis, concaves, finement dentés à leur sommet, un peu teintés de jaunâtre ; divisions du calice larges, arrondies à leur sommet ; pédicelles courts, forts et lisses.

Feuilles des productions fruitières moins grandes, moins élargies que celles des pousses d'été, se terminant sans pointe d'une manière arrondie, presque planes ou un peu relevées par leurs bords, un peu recourbées en dessous, bordées de dents un peu profondes, doubles et un peu aiguës, peu soutenues par des pétioles très-courts et forts.

Caractère saillant de l'arbre : toutes les feuilles des pousses d'été remarquablement bullées et contournées ; rameaux bien raides ; toutes les feuilles pendantes.

Fruit petit, presque exactement ovoïde, légèrement aplati sur ses deux faces, à sillon presque nul et cependant indiqué par la ligne de suture d'un rouge plus foncé, bien marquée avant l'entière maturité, se confondant ensuite avec la couleur générale.

Peau épaisse, ferme, d'abord d'un rouge clair ponctué et courtement rayé de blanc jaunâtre, puis à la maturité, **septembre,** passant au pourpre foncé presque noirâtre. Point pistillaire saillant, donnant au fruit un aspect un peu pointu.

Queue assez longue, un peu forte pour la grosseur du fruit, un peu épaissie à son point d'attache au rameau, placée dans une cavité assez large et très-peu profonde.

Chair jaunâtre, ferme, cassante, sèche, d'un goût assez agréable. Cette Prune n'a pour ainsi dire d'autre qualité que celle de l'époque tardive à laquelle elle mûrit, et n'est plutôt qu'une curiosité.

Noyau assez gros pour le volume du fruit, ovoïde, à suture ventrale très-peu saillante ; arête dorsale obtuse ; rainures latérales très peu profondes.

REINE-CLAUDE DE JODOIGNE

[N° 145]

JODOIGNE GREEN GAGE. *The Fruit Manual.* Robert Hogg.
The Fruits and the fruit-trees of America. Downing.

Observations. — L'arbre est très-vigoureux et de bonne fertilité. Son fruit est de bonne qualité.

DESCRIPTION.

Rameaux.....

Boutons à bois.....

Pousses d'été fluettes, flexueuses, d'un vert terne un peu teinté de rouge du côté du soleil, lisses sur toute leur étendue.

Feuilles des pousses d'été moyennes, ovales-élargies, se terminant peu brusquement en une pointe courte, bien concaves et un peu convexes par leur milieu, largement crénelées plutôt que dentées, assez peu soutenues sur des pétioles assez courts, très-forts et cependant flexibles, munis de glandes ovalaires.

Stipules courtes, lancéolées-élargies, portant à leur base un très-petit lobe peu appréciable.

Boutons à fruit.....

Fleurs petites ; pétales bien arrondis, un peu concaves, finement dentés sur une partie de leur contour; divisions du calice courtes, un peu atténuées et obtuses à leur extrémité; pédicelles de moyenne longueur ou un peu longs et grêles.

Feuilles des productions fruitières moyennes, obovales, se terminant le plus souvent d'une manière arrondie, bien creusées en gouttière, bordées de dents régulières, un peu larges et arrondies, bien soutenues sur des pétioles courts, de moyenne force et raides.

Caractère saillant de l'arbre : teinte générale du feuillage d'un vert tendre ; lobes des stipules très-petits, souvent à peine appréciables.

Fruit gros, presque sphérique, bien déprimé à ses deux pôles, mais surtout plus largement du côté de la queue, bien régulièrement convexe dans tout son contour, de sorte que ses faces sont aussi saillantes que ses joues, l'une d'elles est partagée en deux parties un peu inégales par un sillon peu prononcé souvent coloré de pourpre violacé.

Peau fine, mince, souple, se détachant bien de la chair, d'abord d'un vert clair. A la maturité, **fin d'août**, le vert jaunit et se trouve voilé, sur la plus grande partie de son étendue, par un pourpre léger sur lequel apparaissent bien de petits points dorés, une légère fleur d'un bleu lilas s'étend sur toute sa surface. Point pistillaire d'un brun jaune, placé dans une dépression aplatie à l'extrémité du sillon.

Queue courte, assez forte, insérée dans une cavité peu profonde et bien évasée.

Chair d'un vert un peu jaune, fine, abondante en jus bien sucré, parfumé, se rapprochant beaucoup par sa qualité de celle de l'ancienne Reine-Claude verte.

Noyau petit pour le volume du fruit, très-irrégulièrement ellipsoïde-aplati, paraissant par la saillie extraordinaire de l'arête dorsale très-obliquement coupé du côté du point d'attache à la queue, se terminant en une pointe nulle du côté opposé, à joues très-peu convexes, très-sensiblement déprimées dans le voisinage des rainures dont les bords saillants se relèvent d'une manière caractéristique, bien rugueuses et cependant se détachant bien de la chair; suture ventrale largement et profondément sillonnée; arête dorsale saillante, très-épaisse, émettant une lamelle tranchante du côté du point d'attache, et creusée de deux sillons de chaque côté de cette lamelle; rainures latérales très-étroites.

PRUNE SAINT-PIERRE

[N° 146]

Observations. — Cette variété très-hâtive convient surtout pour le marché. Son fruit demande à être cueilli à l'entière maturité afin de lui assurer tout son mérite.

DESCRIPTION.

Rameaux.....

Boutons à bois.....

Pousses d'été d'un vert pâle, colorées d'un joli rouge rosat du côté du soleil et couvertes sur toute leur longueur d'un duvet extraordinairement court et peu serré, peu appréciable.

Feuilles des pousses d'été moyennes ou assez petites, ovales-elliptiques, se terminant régulièrement en une pointe extraordinairement courte ou obtuse à leur extrémité, largement creusées en gouttière et à peine arquées, peu profondément et bien régulièrement crénelées plutôt que dentées, soutenues à peu près horizontalement sur des pétioles très-courts, peu forts, peu redressés, à peine duveteux et munis de deux glandes globuleuses d'un vert brun.

Stipules assez courtes, lancéolées, à peine dentées, deux fois et peu profondément lobées à leur base.

Boutons à fruit.....

Fleurs assez petites, réunies en bouquets compactes ; pétales arrondis, bien concaves, un peu teintés de jaunâtre ; divisions du calice élargies et bien obtuses ; pédicelles très-courts, forts et glabres.

Feuilles des productions fruitières assez petites, obovales-élargies, bien obtuses à leur extrémité, planes ou presque planes, bordées de dents peu profondes et obtuses, assez bien soutenues sur des pétioles courts, de moyenne force et divergents.

Caractère saillant de l'arbre : teinte générale du feuillage d'un vert pré bien terne ; feuilles des pousses d'été bien régulièrement creusées et toutes les feuilles se terminant d'une manière plus ou moins obtuse.

Fruit presque moyen, sphérique, largement tronqué et un peu échancré à ses deux pôles, à joues peu convexes, largement convexe par une de ses faces, un peu comprimé par l'autre face traversée par un sillon assez prononcé et parcouru dans son fond par une ligne de suture un peu distincte par sa couleur.

Peau assez fine et cependant un peu ferme, d'abord d'un blanc verdâtre, puis passant à la maturité, **milieu et fin de juillet**, au jaune clair qui serait brillant s'il n'était recouvert d'une fleur blanche bien adhérente, et qui est lavé et très-finement pointillé du plus joli rose du côté du soleil. Point pistillaire blanchâtre, placé dans une cavité profonde et bien ouverte du côté de l'entrée de la ligne de suture.

Queue courte, grêle, d'un vert jaune, attachée dans une cavité très-étroite et peu profonde, dont les bords s'abaissent du côté de la ligne de suture.

Chair d'un jaune clair, assez tendre, demi-fine, abondante en eau légèrement sucrée, peu parfumée, mais relevée d'un léger acide rafraîchissant, agréable, un peu trop vif si le fruit n'est pas consommé à son entière maturité.

Noyau proportionné au volume du fruit, ellipsoïde-comprimé, à peine un peu plus atténué et tronqué à son point d'attache à la queue, largement obtus à son autre extrémité, à joues peu bombées, peu raboteuses, trois fois et sensiblement plissées vers le point d'attache, se détachant assez bien de la chair; suture ventrale étroitement sillonnée sur la moitié de sa longueur, fermée sur l'autre moitié; arête dorsale très-épaisse, un peu saillante et un peu tranchante vers le point d'attache, largement obtuse sur le reste de son étendue, accompagnée de rainures latérales très-étroites et un peu profondes.

QUETSCHE JAUNE

[N° 147]

Observations. — Variété propre aux usages du ménage et surtout à apprécier pour les conserves.

DESCRIPTION.

Rameaux.....

Boutons à bois.....

Pousses d'été d'un vert terne, lavées de rouge vif du côté du soleil et glabres sur toute leur longueur.

Feuilles des pousses d'été assez grandes, ovales-allongées, s'atténuant un peu brusquement en une pointe très-longue et étroite, à peine concaves, finement et sensiblement ondulées, un peu profondément crénelées plutôt que dentées, pendantes sur des pétioles longs, peu forts, souples et presque glabres ; deux glandes globuleuses jaunes sont ordinairement attachées tout-à-fait à la base du limbe.

Stipules longues, lancéolées-étroites, ordinairement deux fois lobées à leur base.

Boutons à fruit.....

Fleurs moyennes ; pétales arrondis bien élargis, se recouvrant bien les uns les autres, concaves, d'un blanc un peu jaunâtre ; divisions du calice longues, peu atténuées ; pédicelles courts, de moyenne force et lisses.

Feuilles des productions fruitières assez grandes, obovales-lancéolées, extraordinairement allongées et peu larges ou étroites, un peu aiguës à leur extrémité, souvent convexes, bordées de dents fines, peu profondes, extraordinairement couchées et peu aiguës, soutenues sur des pétioles longs, un peu forts et divergents.

Caractère saillant de l'arbre : teinte générale du feuillage d'un vert herbacé un peu intense et peu brillant ; feuilles des pousses d'été très-longuement acuminées ; feuilles des productions fruitières extraordinairement allongées ; tous les pétioles longs.

Fruit moyen, obovo-ellipsoïde, un peu plus atténué et à peine tronqué à son point d'attache à la queue, très-largement obtus à son autre extrémité, à joues très-largement convexes, un peu moins convexe par ses faces dont l'une est traversée par un sillon très-peu prononcé.

Peau un peu ferme, d'abord d'un vert très-clair, puis passant à la maturité, **fin d'août**, au jaune verdâtre pointillé de blanc, bien doré du côté du soleil, souvent aussi taché de rouge cramoisi, une fleur blanchâtre, très-fine, voile à peine la surface. Point pistillaire roussâtre, saillant sur la pointe du fruit à l'extrémité du sillon.

Queue de moyenne longueur, grêle, attachée dans une cavité étroite et un peu profonde.

Chair d'un jaune verdâtre, fine, succulente, suffisante en jus sucré-acidule et un peu parfumé, constituant un fruit surtout propre aux usages du ménage.

Noyau proportionné au volume du fruit, obovoïde-allongé et un peu comprimé, longuement et sensiblement atténué et peu tronqué à son point d'attache à la queue, s'atténuant régulièrement et bien moins sensiblement à son autre extrémité pour se terminer en une pointe très-courte et aiguë, à joues très-peu bombées, à peine plissées vers le point d'attache, un peu raboteuses et ne se détachant pas de la chair ; suture ventrale étroitement et assez profondément sillonnée, unie par ses bords ; arête dorsale un peu épaisse, un peu saillante seulement vers le point d'attache, et aplanie sur la plus grande partie de son parcours ; rainures latérales très-finement creusées.

PRUNIERS

DONT LA DESCRIPTION N'A PAS ÉTÉ ACHEVÉE

ABRICOTÉE DE BRAUNAU.

Braunauer Aprikosenartige Pflaume. — Robert Hogg. Oberdieck.

Fruit moyen ou presque gros, sphérico-cylindrique, tantôt un peu plus atténué du côté de la queue que du côté du point pistillaire, tantôt atténué en sens inverse, à joues bien convexes et peu comprimé sur ses deux faces, à peu près également tronqué à ses deux pôles, partagé sur une de ses faces en deux parties à peu près égales par un sillon léger et souvent mieux indiqué par la couleur plus foncée de la ligne de suture. — Peau un peu ferme, d'abord d'un vert très-clair, puis à la maturité, *milieu d'Août*, passant au vert jaunâtre semé de petits points blancs et recouvert d'une fleur blanchâtre ; on remarque aussi une teinte rose du côté du soleil et souvent de petites taches d'un pourpre violacé. Point pistillaire d'un gris jaune, placé dans une très-petite cavité à l'extrémité du sillon. — Queue lisse, peu forte, brune, tantôt moyenne, tantôt plus longue, insérée dans une cavité bien évasée, peu profonde. — Chair jaune, très-fine, abondante en jus bien sucré, très-agréablement parfumé, constituant un fruit presque de toute première qualité. — Noyau moyen pour le volume du fruit, à peu près ellipsoïde, à peine atténué du côté du point d'attache à la queue qui n'offre qu'une petite surface, se terminant du côté opposé en une pointe extrêmement courte et aiguë, à joues bien convexès et rugueuses, ne se détachant pas toutes les années de la chair ; suture ventrale un peu saillante vers la pointe, finement et peu profondément sillonnée ; arête dorsale épaisse et finement saillante seulement par sa partie centrale ; rainures latérales très-étroites et très-peu profondes.

ALBANY BEAUTY.

Belle d'Albany. — Simon-Louis.
Denniston's Albany Beauty. — Downing.

Pousses d'été fortes, allongées, bien droites, d'un brun violacé à leur base, d'un vert très-clair à leur sommet, entièrement lisses. — Feuilles des pousses d'été moyennes, presque arrondies, se terminant brusquement en une pointe courte, peu concaves et peu arquées, doublement crénelées, bien soutenues sur des pétioles très-courts et très-forts, munis de deux glandes globuleuses pédicellées et d'un vert jaune. — Stipules à peine moyennes, plutôt laciniées que dentées et deux fois lobées à leur base. — Fleurs moyennes ou assez petites ; pétales elliptiques, peu concaves, très-écartés entre eux ; divisions du calice longues, atténuées, presque aiguës ; pédicelles moyens, de moyenne force, lisses. — Feuilles des productions fruitières petites, exactement elliptiques ou quelquefois obovales-elliptiques, peu concaves et un peu ondulées, bordées de dents fines, peu profondes et émoussées, bien soutenues sur des pétioles très-courts et un peu forts. — Caractère saillant de l'arbre : teinte générale du feuillage d'un vert clair ; feuilles des pousses d'été épaisses et sensiblement bullées ; tous les pétioles remarquablement courts.

ANGLESIO.

Catalogue Bruant. 1869.
Catalogue Simon-Louis. 1862-63.

Obtenue par M. Anglesio, dans sa propriété de Grugliasco (Italie) ; propagée et mise au commerce en 1860 par MM. Prudent Besson, pépiniéristes à Turin.

Pousses d'été fortes et courtes, bien droites, d'un rouge brun foncé à leur base, d'un rouge sanguin rosat à leur sommet, lisses sur toute leur étendue. — Feuilles des pousses d'été assez grandes, ovales-élargies, se terminant un peu promptement en une pointe de moyenne longueur, convexes et arquées, bordées de dents peu larges, un peu profondes et arrondies, se recourbant sur des pétioles courts, forts, bien colorés, un peu duveteux, presque horizontaux ; deux glandes irrégulières sont ordinairement attachées à la base de la feuille. — Stipules longues, largement lancéolées et dentées, munies à leur base d'un petit lobe de même forme. — Fleurs grandes ; pétales bien élargis en raquette vers leur sommet, planes ; divisions du calice longues, étroites, un peu obtuses, finement ciliées ; pédicelles courts, peu forts et un peu hérissés. — Feuilles des productions fruitières plus petites que celles des pousses d'été, à peu près elliptiques, cependant un peu plus atténuées à leur base, presque planes ou très-peu concaves, bordées de dents fines et un peu aiguës, tombant sur des pétioles courts, de moyenne force, bien flexibles. — Caractère saillant de l'arbre : teinte générale du feuillage d'un vert blond ; toutes les feuilles des pousses d'été sensiblement recourbées en dessous. — Fruit ayant de l'analogie pour la forme avec la Reine-Claude de Bavay ; il est plus gros et bien supérieur en qualité ; maturité, *fin d'Août.*

APRIKOSENPFLAUME HLUBECK.

Hlubecks Aprikosenpflaume. Jahn.

Pousses d'été d'un vert clair, lavées de rouge sanguin terne du côté du soleil et couvertes sur toute leur longueur d'un duvet très-court, peu serré et hérissé. — Feuilles des pousses d'été assez grandes ou grandes, obovales bien élargies, se terminant presque régulièrement en une pointe peu aiguë, largement creusées en gouttière et à peine arquées, bordées de dents peu profondes, surdentées et obtuses, peu soutenues sur des pétioles un peu longs, un peu forts, duveteux et munis de deux glandes globuleuses vertes. — Stipules longues, lancéolées-élargies, dentées, divisées à leur base en deux lobes, dont l'un bien développé est aussi sensiblement denté. — Feuilles des productions fruitières moyennes, obovales-élargies, brusquement et courtement atténuées vers le pétiole, tantôt obtuses, tantôt un peu aiguës à leur sommet, planes ou à peine concaves, bordées de dents larges, assez peu profondes et obtuses, soutenues sur des pétioles assez courts et grêles. — Caractère saillant de l'arbre : teinte générale du feuillage d'un vert pré bien mat; toutes les feuilles obovales-élargies et remarquablement molles; stipules extraordinairement développées.

Belle de Septembre.

Catalogue Simon-Louis.
Revue horticole. 1871. O. Thomas.
Downing.
Robert Hogg.

Cette variété est originaire de Belgique; Downing et Robert Hogg lui attribuent les synonymes suivants : Autumn Beauty, Reina Nova, Reine-Claude rouge de Septembre, Gros-Rouge de Septembre; elle m'a été envoyée par MM. Simon-Louis qui la tenaient d'Orléans. — L'arbre est très-vigoureux et d'une grande fertilité. Son fruit est de bonne qualité; il s'emploie avantageusement pour les conserves et les confitures.

Pousses d'été d'un vert d'eau, lavées de rouge violet du côté du soleil et duveteuses sur toute leur longueur. — Feuilles des pousses d'été petites, ovales-élargies, se terminant régulièrement en une pointe peu aiguë, peu concaves, bien ondulées dans leur contour, bien finement crénelées et surcrénelées, s'abaissant un peu sur des pétioles courts, un peu forts, duveteux et munis de deux glandes globuleuses d'un vert clair. — Stipules très-courtes, finement lancéolées et le plus souvent non lobées. — Fleurs petites; pétales elliptiques-arrondis, un peu crénelés et un peu lavés de jaune à leur sommet, presque planes; divisions du calice courtes, peu atténuées, un peu obtuses; pédicelles courts et forts. — Feuilles des productions fruitières petites, à peine obovales, très-courtement et très-peu sensiblement atténuées vers le pétiole, obtuses à leur extrémité, peu repliées sur leur nervure médiane et un peu concaves, très-finement et très-peu profondément crénelées et surcrénelées, soutenues sur des pétioles très-courts et peu forts. — Caractère saillant de l'arbre : teinte générale du feuillage d'un vert herbacé très-intense et bien mat; toutes les feuilles petites; tous les pétioles courts. — Fruit assez gros, ovale-arrondi. — Peau d'un pourpre violacé. — Chair jaunâtre et ferme. — Maturité, *Septembre.*

Belle Ségusienne.

Catalogue Adrien Sénéclauze. 1863.

Pousses d'été presque lisses, assez sensiblement cannelées, d'un vert terne mélangé çà et là de rougeâtre. — Feuilles des pousses d'été grandes, épaisses, ovales bien élargies, à pointe très-courte et obtuse, presque planes, garnies d'une forte crénelure, soutenues horizontalement par des pétioles assez courts, forts, redressés, munis de grosses glandes vertes. — Stipules caduques. — Fleurs petites; pétales bien arrondis, concaves, se recouvrant bien entre eux; divisions du calice courtes, élargies; pédicelles lisses, très-courts, un peu forts. — Feuilles des productions fruitières plus petites, moins élargies que celles des pousses d'été, un peu concaves et courbées en dessous, à pointe presque nulle, finement crénelées, retombant un peu à l'extrémité de pétioles assez courts, grêles, presque horizontaux. — Caractère saillant de l'arbre : feuillage d'un vert sombre et foncé ; aspect de vigueur.

Berger.

Catalogue Adrien Sénéclauze. 1863.

Pousses d'été fluettes et très-allongées, d'un brun violacé à leur base, colorées d'un rouge sanguin très-foncé à leur sommet, lisses sur toute leur étendue. — Feuilles des pousses d'été petites, obovales, atteignant leur plus grande largeur près de leur sommet, se terminant ensuite très-brusquement en une pointe très-courte et très-aiguë, un peu concaves et légèrement ondulées, soutenues horizontalement par des pétioles moyens, grêles, un peu duveteux, bien rouges, le plus souvent non munis de glandes qui s'attachent rarement à la base de la feuille. — Stipules courtes, lancéolées, recourbées, finement dentées, deux fois et finement lobées à leur base. — Fleurs petites ; pétales en spatule, peu concaves, étalés et écartés entre eux, quelquefois un peu dentés à leur sommet ; divisions du calice courtes, peu atténuées, obtuses, un peu réfléchies en dessous, d'un vert clair jaunâtre comme les pédicelles qui sont assez courts et grêles. — Feuilles des productions fruitières beaucoup plus petites que celles des pousses d'été, longuement et très-sensiblement atténuées à leur base, se terminant assez régulièrement en une pointe large et bien obtuse, bordées de dents très-fines, bien aiguës et recourbées, ordinairement planes et soutenues horizontalement par des pétioles très-courts, très-grêles, très-raides. — Caractère saillant de l'arbre : rameaux bien menus et allongés ; toutes les feuilles petites, celles des pousses finement et régulièrement ondulées.

Bleecker's Scarlet.

Oberdieck.

Lombard. Downing.

Pousses d'été un peu flexueuses, d'un vert très-clair à peine lavé de rouge à leur sommet, entièrement lisses sur toute leur longueur. — Feuilles des pousses d'été moyennes, obovales-élargies, se terminant un peu brusquement en une pointe courte, à peine repliées et largement ondulées dans leur contour, bordées de dents larges, profondes et arrondies, bien soutenues sur des pétioles courts, forts, redressés, d'un beau rouge vineux, à peine duveteux, munis de deux glandes globuleuses jaunes et pédicellées. — Stipules courtes, fines, souvent plusieurs fois et finement lobées à leur base. — Fleurs très-petites ; pétales ovales-élargis, arrondis à leur sommet, peu concaves ; divisions du calice très-courtes, très étroites et presque jaunes ; pédicelles extraordinairement courts et grêles. — Feuilles des productions fruitières petites, obovales bien allongées, très-sensiblement atténuées à leur base, obtuses ou à peine acuminées à leur autre extrémité, un peu creusées et un peu arquées, bordées de dents fines, profondes, recourbées et aiguës, bien soutenues sur des pétioles très-courts, très-grêles et redressés. — Caractère saillant de l'arbre : teinte générale du feuillage d'un vert vif et luisant sur les feuilles des pousses d'été qui sont épaisses, sensiblement bullées dans leur surface et bien ondulées dans leur contour.

Bryanston's Gage.

Robert Hogg.
Downing.

Pousses d'été bien vertes, légèrement lavées de rouge brun du côté du soleil, et duveteuses sur toute leur longueur. — Feuilles des pousses d'été petites, régulièrement ovales, se terminant presque régulièrement en une pointe peu aiguë, presque planes ou même parfois un peu convexes, bordées de dents larges, assez peu profondes, couchées et obtuses, bien soutenues sur des pétioles courts, forts et raides, un peu duveteux, à peine colorés de rouge, munis de deux glandes globuleuses vertes, pédicellées et attachées tout-à-fait à la base du limbe. — Stipules très-courtes, en alênes fines, recourbées et à peine lobées à leur base. — Fleurs très-petites; pétales elliptiques-arrondis, peu concaves; divisions du calice peu atténuées et largement obtuses à leur extrémité; pédicelles courts et grêles. — Feuilles des productions fruitières bien petites, obovales un peu allongées et étroites, obtuses à leur extrémité, un peu creusées, bordées de dents fines, un peu profondes, couchées et aiguës, bien soutenues sur des pétioles courts, peu forts et raides. — Caractère saillant de l'arbre : teinte générale du feuillage d'un vert peu foncé et terne ; feuillage menu ; aspect buissonneux de l'arbre.

Corse's Nota Bene.

Downing.

Pousses d'été d'un vert vif et un peu jaune, lavées d'un joli rouge vineux du côté du soleil et bien lisses sur toute leur longueur. — Feuilles des pousses d'été petites, obovales-allongées et étroites, se terminant régulièrement en une pointe très-courte et très-aiguë, bien creusées en gouttière et un peu arquées, bordées de dents larges, peu profondes, arrondies et quelquefois aiguës vers l'extrémité du limbe, bien dressées sur des pétioles courts, peu forts et raides, souvent dépourvus de glandes qui, lorsqu'elles ne manquent pas, sont attachées à la base du limbe.—Stipules en alênes courtes et à peine lobées à leur base. — Fleurs moyennes, souvent un peu semi-doubles; pétales obovales-élargis, un peu concaves, un peu écartés entre eux; divisions du calice assez longues, peu atténuées et obtuses; pédicelles très-courts, forts et glabres. — Feuilles des productions fruitières petites, obovales-allongées et très-sensiblement atténuées à leur base, obtuses à leur extrémité, creusées en gouttière et un peu arquées, bordées de dents fines, peu profondes, bien couchées et aiguës, dressées sur des pétioles courts, grêles et raides. — Caractère saillant de l'arbre : teinte générale du feuillage d'un vert jaune et des plus vifs; toutes les feuilles bien creusées et bien dressées; aspect lisse et brillant de tous les organes de la végétation.

Damas Dronet.

Robert Hogg.
Dronet Damask. Downing.

Pousses d'été bien colorées d'un joli rouge rosat et duveteuses sur toute leur longueur. — Feuilles des pousses d'été petites ou presque moyennes, un peu obovales et un peu élargies, se terminant régulièrement en une pointe large et courte, un peu concaves, sensiblement ondulée, à peine arquées, bordées de dents très-profondes, larges et cependant brusquement aiguës, soutenues à peu près horizontalement sur des pétioles moyens, de moyenne force, peu redressés et munis de deux grosses glandes globuleuses d'un vert très-clair. — Stipules assez courtes, en alênes fines et recourbées, finement et profondément lobées à leur base. — Feuilles des productions fruitières petites, un peu obovales et un peu élargies, obtuses à leur extrémité, bien creusées en gouttière, bordées de dents fines, profondes, couchées et bien aiguës, bien soutenues sur des pétioles courts et un peu forts. — Caractère saillant de l'arbre : teinte générale du feuillage d'un vert très-clair et luisant sur les jeunes feuilles ; presque toutes les feuilles et surtout celles des pousses d'été remarquablement ondulées dans leur contour ; serrature profonde de toutes les feuilles.

DAMAS MUSQUÉ OU BLANC.

Robert Hogg.

Pousses d'été peu fortes, bien droites, d'un brun violacé à leur base, d'un vert clair tout-à-fait à leur sommet, entièrement lisses sur toute leur étendue. — Feuilles des pousses d'été petites, ovales-arrondies, quelquefois plus élargies près de leur sommet, se terminant très-brusquement en une pointe large, courte et aiguë, bordées de dents doubles, un peu profondes et obtuses, tantôt presque planes, tantôt un peu convexes, soutenues à peu près horizontalement par des pétioles de moyenne longueur, un peu forts, bien duveteux, munis eux ou la feuille de deux petites glandes globuleuses jaunâtres. — Stipules très-courtes, lancéolées, ordinairement deux fois lobées à leur base. — Fleurs petites ; pétales elliptiques-arrondis, peu concaves, bien étalés ; divisions du calice courtes, arrondies à leur sommet ; pédicelles de moyenne longueur, bien grêles. — Feuilles des productions fruitières petites, mais de grandeurs bien différentes, exactement elliptiques et se terminant ordinairement sans pointe, bordées de dents très-fines et bien aiguës, planes et tombant un peu sur des pétioles très-courts, très-grêles, étalés. — Caractère saillant de l'arbre : teinte générale du feuillage d'un vert foncé ; branches bien érigées, perpendiculaires.

DAMAS ROUGE DE FRIEDHEIM.

Oberdieck.

Pousses d'été de moyenne force, bien droites, d'un vert très-clair, lavées du côté du soleil d'un joli rose vif, presque imperceptiblement duveteuses sur toute leur longueur. — Feuilles des pousses d'été à peine moyennes, ovales plus ou moins élargies, se terminant régulièrement en une pointe bien aiguë, concaves, plutôt crénelées que dentées dans leurs bords, bien dressées sur des pétioles courts, peu forts, un peu duveteux, redressés et munis de deux ou trois glandes réniformes jaunes. — Stipules assez longues, en alênes recourbées, profondément lobées à leur base. — Fleurs assez petites ; pétales ovales-elliptiques, concaves, un peu écartés entre eux ; divisions du calice courtes, atténuées à leur extrémité, un peu obtuses ; pédicelles moyens, de moyenne force et glabres. — Feuilles des productions fruitières bien petites, très-légèrement obovales et peu allongées, arrondies à leur extrémité, à peine concaves et un peu arquées, bordées de dents fines, peu profondes, couchées et un peu aiguës, bien soutenues sur des pétioles très-courts, très-grêles, redressés. — Caractère saillant de l'arbre : teinte générale du feuillage d'un vert tendre; pousses d'été colorées du côté du soleil d'un joli rose lilacé; les plus jeunes feuilles d'un rouge feu.

DÉESSE.

Pousses d'été anguleuses dans leur contour, d'un vert intense et mat, glabres sur toute leur longueur. — Feuilles des pousses d'été assez petites, ovales-élargies, se terminant presque régulièrement en une pointe courte et peu aiguë, non repliées et bien recourbées en dessous, bordées de dents larges, un peu profondes et arrondies, se recourbant sur des pétioles moyens, de moyenne force, remarquablement raides; les glandes bien vertes sont ordinairement attachées à la base du limbe. — Stipules très-courtes, fines, lancéolées, vertes et à peine lobées à leur base. — Fleurs extraordinairement petites; pétales arrondis, concaves, se recouvrant bien entre eux; divisions du calice assez courtes et bien obtuses à leur extrémité; pédicelles extraordinairement courts, grêles, couverts d'un duvet un peu hérissé. — Feuilles des productions fruitières bien petites, ovales ou un peu obovales-élargies, obtuses à leur extrémité, peu concaves et un peu arquées, bordées de dents fines, très-peu profondes et obtuses, bien soutenues sur des pétioles courts, grêles et raides. — Caractère saillant de l'arbre : teinte générale du feuillage d'un vert bleu; toutes les feuilles petites ou assez petites; feuilles des pousses d'été recourbées en dessous d'une manière remarquable.

DE JÉRUSALEM DE JAHN.

Jahns gelbe Jerusalemspflaume. Jahn.

Pousses d'été cannelées, d'un vert un peu foncé et terne lavé de rouge sombre du côté du soleil, bien glabres sur toute leur longueur. — Feuilles des pousses d'été moyennes, à peine obovales, presque elliptiques, concaves et non arquées, bordées de dents larges, un peu profondes et bien arrondies, obtuses ou peu aiguës à leur extrémité, bien soutenues sur des pétioles moyens, un peu forts et bien redressés, munis de deux grosses glandes globuleuses. — Stipules moyennes, lancéolées et bien finement lobées. — Fleurs très-petites; pétales elliptiques-arrondis, un peu concaves, obscurément dentés sur presque tout leur contour; divisions du calice courtes, étroites, obtuses et finement ciliées par leurs bords; pédicelles très-courts et très grêles. — Feuilles des productions fruitières petites, obovales-elliptiques, obtuses ou peu aiguës à leur extrémité, bordées de dents peu profondes, bien couchées et un peu aiguës, bien soutenues sur des pétioles moyens, peu forts et bien raides. — Caractère saillant de l'arbre: teinte générale du feuillage d'un vert clair vif mais peu luisant; toutes les feuilles plus ou moins concaves, bien fermes dans leur tenue et tous les pétioles bien raides.

Dunmore.

Downing.
Robert Hogg.

Pousses d'été peu fortes, presque droites, d'un noir violacé, lisses sur toute leur longueur. — Feuilles des pousses d'été petites ou à peine moyennes, régulièrement ovales, se terminant régulièrement en une pointe recourbée, bien creusées en gouttière et bien arquées, bordées de dents bien régulières, souvent doubles et arrondies, bien soutenues sur des pétioles courts, un peu forts, plus ou moins redressés; de très-petites glandes d'un rouge brun, à peine visibles, s'attachent quelquefois à la base du limbe. — Stipules courtes, lancéolées, d'un vert jaune, deux fois et finement lobées à leur base. — Fleurs moyennes; pétales arrondis, concaves, finement dentés dans leur contour; divisions du calice assez larges et obtuses; pédicelles courts et de moyenne force. — Feuilles des productions fruitières petites, obovales, se terminant en une très-petite pointe à peine visible, très-peu repliées et un peu arquées, bordées de dents très-fines, très-peu profondes et aiguës, bien soutenues sur des pétioles courts, un peu forts et très-raides. — Caractère saillant de l'arbre: toutes les feuilles sensiblement épaisses, d'un beau vert brillant et vernissé; tous les pétioles très-courts.

Early Amber Heart.

Pousses d'été assez fortes, obscurément cannelées, légèrement lavées de rouge au soleil. — Feuilles des pousses d'été grandes, un peu ou nullement atténuées à leur base, maintenant bien leur largeur pour se terminer ensuite régulièrement en une pointe peu longue et bien aiguë, concaves ou repliées sur leur nervure médiane, bordées de dents profondes, doubles et aiguës, tombant un peu à l'extrémité de pétioles assez longs, forts, un peu mous et recourbés, d'un violet noirâtre et munis de deux très-grosses glandes ovales d'un rouge orangé. — Stipules de moyenne longueur, peu profondément laciniées, très-caduques. — Feuilles des productions fruitières moins grandes que celles des pousses d'été, sensiblement atténuées à leur base, atteignant leur plus grande largeur vers leur sommet où elles se terminent brusquement en une pointe courte et fine, concaves, bordées de dents moins profondes et émoussées, bien soutenues par des pétioles assez longs, assez grêles, d'un violet noirâtre, bien raides et fermes. — Caractère saillant de l'arbre: teinte générale du feuillage d'un vert blond.

Emerald Drop.

Downing.
Robert Hogg.

Pousses d'été assez sensiblement cannelées, lisses, presque entièrement teintes d'un rouge violacé noirâtre. — Feuilles des pousses d'été grandes, ovales, plus rétrécies à leur base qu'à leur autre extrémité, bordées de dents assez fortes et assez aiguës, convexes ou seulement un peu relevées par leurs bords à leur extrémité, mollement portées par des pétioles de moyenne longueur, très-forts, munis de glandes jaunâtres pédicellées. — Stipules assez longues, lancéolées, gracieusement dentées et munies d'un appendice d'un blanc jaunâtre qui se détache bien sur la couleur foncée de la pousse. — Feuilles des productions fruitières bien plus petites que celles des pousses d'été, ovales-étroites ou ovales un peu élargies, creusées en gouttière, bordées de dents plus fines, moins profondes et moins aiguës, bien soutenues horizontalement par des pétioles assez courts et de moyenne force. — Caractère saillant de l'arbre : arbre à branches divergentes ; feuillage souvent maculé ou comme panaché de jaune.

Grosse Mirabelle.

Catalogues Sahut et Durand.

Pousses d'été bien grêles et bien droites, d'un vert d'eau clair, colorées de rouge sanguin clair du côté du soleil, glabres sur toute leur étendue. — Feuilles des pousses d'été bien petites, elliptiques un peu élargies, se terminant en une pointe extrêmement courte, à peine appréciable, planes, bordées de dents très-fines, très-peu profondes, un peu aiguës, quelquefois un peu ondulées, bien soutenues sur des pétioles très-courts, un peu redressés ; deux très-petites glandes globuleuses jaunes, pédicellées, sont attachées à la base du limbe. — Stipules très-courtes, très-fines, divisées en un lobe extraordinairement court et fin. — Fleurs petites ; pétales elliptiques-arrondis, un peu concaves, teintés de jaune ; divisions du calice courtes, bien atténuées et presque aiguës à leur extrémité ; pédicelles très-courts et extraordinairement grêles. — Feuilles des productions fruitières très-petites, obovales-allongées et étroites, se terminant d'une manière arrondie, creusées en gouttière, très-finement bordées de dents peu profondes, bien aiguës, dressées sur des pétioles très-courts, très-grêles et très-raides. — Caractère saillant de l'arbre : teinte générale du feuillage d'un vert terne et mat ; direction bien perpendiculaire des branches et des rameaux ; branchage et feuillage très-menus.

Hahnenhode de Liegel.

Liegel.

Pousses d'été d'un vert terne, colorées de rouge vineux du côté du soleil, un peu duveteuses à leur base et glabres à leur sommet. — Feuilles des pousses d'été assez grandes, obovales un peu élargies, se terminant peu brusquement en une pointe courte, creusées en gouttière et un peu arquées, bordées de dents larges, profondes et arrondies, mal soutenues sur des pétioles assez courts, bien forts, cependant flexibles, à peine duveteux et munis de deux grosses glandes globuleuses d'un vert très-clair. — Stipules moyennes, filiformes. — Fleurs petites ; pétales obovales-élargis, sensiblement atténués à leur base, largement arrondis et crénelés à leur sommet, légèrement lavés de jaune ; divisions du calice longues, peu atténuées, un peu obtuses ; pédicelles de moyenne longueur et grêles. — Feuilles des productions fruitières moyennes, obovales ou obovales-elliptiques, obtuses à leur extrémité, creusées en gouttière, bordées de dents un peu profondes, couchées et obtuses, mal soutenues sur des pétioles courts, un peu forts et un peu flexibles. — Caractère saillant de l'arbre : teinte générale du feuillage d'un vert intense et brillant ; toutes les feuilles plus ou moins creusées en gouttière ; tous les pétioles remarquablement forts.

HULINGS' SUPERB.

Gloire de New-York, Keyser's Plum. Downing. Robert Hogg.

Pousses d'été d'un vert d'eau assez intense, lavées de rouge rosat du côté du soleil, très-finement duveteuses sur toute leur longueur. — Feuilles des pousses d'été bien grandes, obovales bien allongées et bien élargies, obtuses à leur extrémité, souvent un peu convexes plutôt que repliées ou concaves, extraordinairement recourbées en dessous, bordées de dents assez peu larges, peu profondes et arrondies, se recourbant sur des pétioles un peu longs, extraordinairement forts, presque horizontaux, un peu duveteux, colorés de rouge et munis de deux grosses glandes ovalaires jaunes. — Stipules longues, linéaires-étroites et souvent deux fois lobées à leur base. — Fleurs presque moyennes ; pétales bien élargis, un peu concaves, finement dentés sur presque tout leur contour, teintés de jaune ; divisions du calice courtes, larges et arrondies à leur extrémité ; pédicelles courts et un peu forts. — Feuilles des productions fruitières moyennes, obovales-élargies, très sensiblement atténuées vers le pétiole et très largement arrondies à leur autre extrémité, convexes, bordées de dents assez larges, peu profondes, couchées et un peu aiguës, mal soutenues sur des pétioles un peu longs, un peu forts et un peu flexibles. — Caractère saillant de l'arbre : teinte générale du feuillage d'un vert herbacé et mat; ampleur très-extraordinaire de toutes les feuilles, peut-être les plus grandes dans le genre Prunier; toutes les feuilles le plus souvent convexes, et celles des pousses d'été remarquablement recourbées en dessous.

IMPÉRATRICE DE DOWNTON.

Downton Impératrice. Downing. Robert Hogg.

Pousses d'été bien grêles, d'un vert un peu jaune, lavées de rouge sombre du côté du soleil et glabres sur toute leur longueur. — Feuilles des pousses d'été petites, régulièrement ovales, se terminant régulièrement en une pointe extraordinairement courte et fine, presque planes et souvent largement ondulées, bordées de dents assez peu profondes, bien couchées et recourbées par leur pointe, paraissant comme crénelées, bien soutenues sur des pétioles très-courts, grêles, imperceptiblement duveteux, un peu lavés de rouge ; deux très-petites glandes globuleuses ou ovalaires d'un vert jaune sont attachées à la base du limbe. — Stipules très-courtes, très-fines, une fois lobées, très-caduques. — Feuilles des productions fruitières bien petites, obovales-elliptiques, obtuses à leur extrémité, presque planes, bordées de dents très fines, très-peu profondes et aiguës, bien soutenues sur des pétioles très-courts, très-grêles et raides. — Caractère saillant de l'arbre : teinte générale des feuilles des pousses d'été d'un vert vif et brillant ; toutes les feuilles petites ; tous les rameaux grêles ; tous les pétioles très-courts.

IMPÉRIALE ROUGE.

Impérial Purple. Downing.

Pousses d'été grêles, cannelées, fortement coudées aux entre-nœuds, mélangées de vert et de rougeâtre clair, presque lisses. — Feuilles des pousses d'été ovales-arrondies, à pointe émoussée, planes, bordées de dents arrondies, assez bien soutenues sur des pétioles longs, assez forts, munis de deux glandes ovoïdes et vertes. — Stipules caduques. — Fleurs moyennes, pétales ovales-arrondis, peu concaves, finement dentés à leur extrémité; pédicelles assez longs, grêles, duveteux. — Feuilles des productions fruitières de la même forme que celles des pousses d'été, mais plus petites, plus obtuses à l'extrémité, un peu concaves, bien soutenues par des pétioles assez courts et grêles. — Caractère saillant de l'arbre : feuillage d'un vert jaunâtre et terne.

KOËTSCHE A FRUIT BLANC.

Pousses d'été très-sensiblement cannelées, couvertes d'un duvet imperceptible, d'un vert mat teinté de rougeâtre.— Feuilles des pousses d'été bien amples, ovales-élargies, boursouflées, se terminant brusquement en une pointe courte, presque planes ou à bords un peu relevés, bordées de fortes dents assez aiguës, retombant à l'extrémité de pétioles de moyenne longueur, forts, presque horizontaux, d'un beau rouge sanguin. — Stipules assez longues, lancéolées-élargies, fortement dentées. — Fleurs petites; pétales bien arrondis, concaves, crénelés dans leur contour; divisions du calice assez élargies, obtuses, réfléchies en dessous, duveteuses ainsi que les pédicelles qui sont très-courts et grêles. — Feuilles des productions fruitières moins grandes, plus atténuées à la base que celles des pousses d'été, presque planes, un peu ondulées, bordées de dents peu profondes et assez aiguës, soutenues horizontalement par des pétioles courts, de moyenne force, étalés. — Caractère saillant de l'arbre : feuillage ample, d'un vert clair.

LONG SCARLET.

Scarlet Gage. — Catalogue Dauvesse. 1862. Downing.

Pousses d'été peu fortes, flexueuses, d'un vert terne et foncé à l'ombre, colorées de rouge sanguin foncé du côté du soleil, lisses sur toute leur longueur. — Feuilles des pousses d'été petites, ovales-elliptiques, se terminant en une pointe très-courte et souvent recourbée, bien creusées en gouttière ou concaves, repliées, bordées de dents fines, peu profondes, souvent doubles et obtuses, bien soutenues sur des pétioles courts, grêles et bien raides, munis de très-petites glandes globuleuses jaunes qui cependant s'attachent aussi souvent à la base du limbe et sont saillantes. — Stipules assez courtes, linéaires-étroites, aiguës, très-caduques.—Fleurs bien petites, souvent semi-doubles; pétales arrondis, bien concaves; divisions du calice courtes, étalées; pédicelles très-courts, assez forts. — Feuilles des productions fruitières petites, obovales-allongées, un peu sensiblement atténuées à leur base, obtuses à leur autre extrémité, planes, très-régulièrement bordées de dents très-fines, très-peu profondes et émoussées, bien soutenues sur des pétioles moyens, très-grêles et cependant raides. — Caractère saillant de l'arbre : teinte générale du feuillage d'un vert gai; toutes les feuilles bien finement dentées; branches à direction bien perpendiculaire et peu garnies de feuillage.

Monstrueuse d'Angleterre.

Grosse Englische Zwetsche. Oberdieck.

Pousses d'été peu fortes, très-fluettes à leur sommet, d'un rouge sanguin foncé sur toute leur longueur, mais encore plus vif à leur extrémité, entièrement lisses sur toute leur étendue. — Feuilles des pousses d'été petites, obovales, atteignant leur plus grande largeur près de leur sommet, se terminant promptement en une pointe très-courte, large et cependant aiguë, bien creusées en gouttière et ondulées dans tout leur contour, bordées de dents arrondies, un peu profondes et munies d'une petite pointe scarieuse noirâtre, soutenues horizontalement sur des pétioles de moyenne longueur, grêles, finement duveteux, teints de rouge ; deux petites glandes globuleuses sont attachées à la base de la feuille. — Stipules vertes, courtes, deux fois lobées à leur base.— Fleurs petites ; pétales en spatule, bien concaves ; divisions du calice courtes, ordinairement réfléchies en dessous et souvent échancrées à leur extrémité ; pédicelles courts, bien grêles et glabres. — Feuilles des productions fruitières encore plus petites que celles des pousses d'été, très-sensiblement et très-longuement atténuées à leur base, atteignant leur plus grande largeur tout près de leur sommet, concaves et ordinairement largement contournées, bordées de dents fines, recourbées et un peu aiguës, bien soutenues sur des pétioles courts, peu forts, raides, étalés. — Caractère saillant de l'arbre : branches fluettes ; feuillage petit ; feuilles des productions fruitières d'un beau vert brillant.

Perdrigon long.

Pousses d'été d'un vert pâle, lavées de rouge sanguin sombre du côté du soleil et glabres sur toute leur longueur. — Feuilles des pousses d'été assez petites, elliptiques-arrondies, se terminant régulièrement en une pointe courte, à peine repliées, largement ondulées ou contournées sur leur longueur, largement et assez profondément crénelées ou surcrénelées, soutenues à peu près horizontalement sur des pétioles courts, un peu forts, un peu duveteux, presque horizontaux et munis de deux glandes globuleuses vertes. — Stipules assez courtes, vertes, lancéolées, dentées, souvent plusieurs fois lobées à leur base. — Fleurs grandes, parfois un peu semi-doubles ; pétales arrondis bien élargis, souvent repliés sur leur centre, concaves, se recouvrant largement entre eux ; divisions du calice assez courtes, larges, obtuses ; pédicelles longs, un peu forts et glabres.— Feuilles des productions fruitières petites, obovales, très-brusquement et courtement atténuées vers le pétiole, largement obtuses à leur extrémité, planes ou même un peu convexes, bordées de dents fines, un peu profondes et un peu aiguës, soutenues sur des pétioles courts et grêles. — Caractère saillant de l'arbre : teinte générale du feuillage d'un vert pré clair et mat ; toutes les feuilles petites ; tous les pétioles courts.

Peters grosse gelbe.

Grosse jaune de Pierre. Bulletin de la Société Van Mons. 1858.

Mentionnée comme ayant été envoyée par M. Liegel.

Pousses d'été d'un vert décidé, lavées de rouge vif du côté du soleil et glabres sur toute leur longueur. — Feuilles des pousses d'été petites, ovales un peu élargies, se terminant presque régulièrement en une pointe courte et aiguë, largement creusées et à peine arquées, bordées de dents assez fines, peu profondes, tantôt obtuses, tantôt un peu aiguës, bien soutenues sur des pétioles très-courts, peu forts, presque horizontaux, presque glabres et munis de glandes ovalaires jaunes. — Stipules très-courtes, très-fines et très-caduques. — Feuilles des productions fruitières assez petites, obovales-allongées, longuement et assez peu sensiblement atténuées vers le pétiole, obtuses à leur extrémité, bien creusées et un peu arquées, bordées de dents un peu profondes, couchées et un peu aiguës, bien soutenues sur des pétioles moyens et un peu forts. — Caractère saillant de l'arbre : teinte générale du feuillage d'un vert pré peu foncé et un peu brillant ; feuilles des productions fruitières bien régulièrement creusées en gouttière et arquées.

Pruneau de Bale.

Pousses d'été fluettes, sensiblement cannelées, couvertes d'un duvet presque imperceptible, d'un beau rouge sanguin au soleil, d'un vert jaunâtre à l'ombre. — Feuilles des pousses d'été pas tout-à-fait moyennes, ovales-élargies, se terminant brusquement en une pointe effilée et assez longue, tantôt crénelées, tantôt bordées de dents assez aiguës, retombant un peu à l'extrémité de pétioles courts, grêles, à peu près horizontaux. — Stipules caduques. — Feuilles des productions fruitières moins grandes, plus atténuées à la base que celles des pousses d'été, à pointe moins effilée, bien creusées en gouttière, bordées régulièrement de dents assez aiguës, un peu recourbées en dessous et tombant à l'extrémité de pétioles courts, grêles, horizontaux. — Caractère saillant de l'arbre : teinte générale du feuillage d'un beau vert intense.

Prune de Hongrie.

Pousses d'été coudées, obscurément cannelées, lisses, teintes de rougeâtre clair et terne et de vert gai. — Feuilles des pousses d'été moyennes, ovales bien élargies, plus atténuées à la base qu'à leur autre extrémité, planes ou à bords un peu relevés, ondulés et garnis de fortes dents profondes et un peu émoussées, assez mollement soutenues par des pétioles de moyenne longueur, assez grêles et presque horizontaux, le plus souvent dépourvus de glandes. — Stipules longues, linéaires, très-étroites, dentées, caduques. — Fleurs bien petites ; pétales ovales, concaves, crénelés dans leurs bords, entièrement teintés de jaune verdâtre ; divisions du calice longues, étroites, redressées, d'un beau vert ; pédicelles extrêmement courts, cachés dans les écailles de la base, très-grêles, un peu duveteux. — Feuilles des productions fruitières bien plus petites que celles des pousses d'été, plus courtement ovales, creusées en gouttière, régulièrement bordées de dents fines et velues, supportées horizontalement par des pétioles courts et grêles. — Caractère saillant de l'arbre : le plus grand nombre des branches à direction perpendiculaire et formant cependant une tête sphérique ; feuillage d'un vert tendre.

Prune jaune tardive.

Revue horticole. 1864. Ch. Baltet.

Cette variété est originaire du département de l'Aube. — L'arbre est vigoureux et de bonne fertilité.

Fleurs petites; pétales elliptiques, concaves, bien arrondis et dentés à leur sommet, à peine teintés de jaune; divisions du calice courtes, peu atténuées, bien obtuses; pédicelles assez courts et grêles. — Fruit moyen, ovoïde. — Chair jaunâtre, abondante en jus sucré, légèrement parfumé. — Maturité, *deuxième quinzaine de Septembre.*

Prune Marange.

Revue horticole. 1871. O. Thomas.

Pousses d'été d'un vert mat, lavées de rouge sanguin et peu duveteuses à leur sommet. — Feuilles des pousses d'été moyennes, ovales-elliptiques, parfois sensiblement atténuées vers le pétiole, se terminant brusquement en une pointe large et courte, concaves, bordées de dents larges, profondes, bien recourbées et un peu aiguës, mal soutenues sur des pétioles moyens, grêles et flexibles. — Stipules moyennes ou un peu longues, linéaires, très-étroites. — Feuilles des productions fruitières grandes, ovales-elliptiques, se terminant assez brusquement en une pointe un peu longue, bien creusées en gouttière et à peine arquées, régulièrement bordées de dents larges, profondes, obtuses ou émoussées, mal soutenues sur des pétioles de moyenne longueur, de moyenne force et souples. — Caractère saillant de l'arbre : teinte des feuilles des pousses d'été d'un vert d'eau tendre, celles des productions fruitières d'un vert bleu très-intense; feuilles des productions fruitières remarquablement creusées et bien régulièrement épaisses, et faisant bien plier sous leur poids leurs pétioles cependant assez forts; serrature de toutes les feuilles large et profonde.

Quetsche Pêche de Francfort.

Catalogue Simon-Louis.

Pousses d'été grêles, d'un vert terne, un peu colorées de rouge rosat du côté du soleil et finement duveteuses sur toute leur longueur. — Feuilles des pousses d'été petites, ovales-allongées et étroites, souvent bien atténuées à leur base, se terminant régulièrement en une pointe peu aiguë, un peu concaves et non arquées, bordées de dents larges, profondes et arrondies, bien soutenues sur des pétioles courts, peu forts, bien raides, à peine colorés de rouge et munis de deux glandes ovalaires d'un vert vif. — Stipules courtes et très-fines, profondément et finement lobées à leur base. — Fleurs moyennes; pétales ovales-élargis; peu concaves, souvent profondément échancrés à leur sommet; divisions du calice longues, assez étroites, obtuses à leur extrémité; pédicelles assez courts et grêles. — Feuilles des productions fruitières petites, obovales-allongées et un peu étroites, se terminant régulièrement en une pointe peu aiguë, à peine concaves ou presque planes, bordées de dents fines, un peu profondes, couchées et aiguës, bien soutenues sur des pétioles très-courts, grêles et raides. — Caractère saillant de l'arbre : teinte générale du feuillage d'un vert clair et vif; raideur remarquable dans la tenue de toutes les feuilles.

Quetsche rouge hative de Biondeck.

Pousses d'été d'un vert clair, colorées d'un rouge vineux intense du côté du soleil et glabres sur toute leur longueur. — Feuilles des pousses d'été assez petites, à peine obovales, un peu élargies ou un peu arrondies, se terminant un peu brusquement en une pointe courte et large, à peine concaves et souvent largement ondulées, bordées de dents profondes, doubles, bien recourbées et aiguës, bien soutenues sur des pétioles courts, peu forts, bien raides, bien dressés, glabres et munis de deux ou de plusieurs glandes d'un vert très-clair. — Stipules en alênes, courtes, fines et recourbées. — Fleurs petites; pétales elliptiques-arrondis, irrégulièrement crénelés dans une partie de leur contour, bien lavés de jaune, un peu concaves; divisions du calice longues, atténuées et presque aiguës ; pédicelles extraordinairement courts et grêles. — Feuilles des productions fruitières petites, obovales un peu allongées, obtuses à leur extrémité, bien creusées et un peu arquées, bordées de dents fines, couchées et un peu aiguës, bien soutenues sur des pétioles courts, un peu forts et bien raides. — Caractère saillant de l'arbre : pousses d'été bien colorées de rouge; les plus jeunes feuilles lavées de rouge groseille; feuilles des productions fruitières remarquablement creusées en gouttière.

Reine-Claude Boddaerts.

Bulletin de la Société Van Mons. 1867.

Boddaert's Green Gage. Robert Hogg.

Gain de M. Debeil, à Deinze ou Deinse (Belgique).

Pousses d'été d'un vert clair, lavées de rose vif du côté du soleil, couvertes sur toute leur longueur d'un duvet très-court, peu serré et hérissé. — Feuilles des pousses d'été assez grandes, ovales-elliptiques et élargies, se terminant régulièrement en une pointe peu aiguë, peu repliées et arquées, bordées de dents fines, peu profondes, très-finement surdentées et un peu aiguës, bien soutenues sur des pétioles très-courts, un peu forts, horizontaux ou presque horizontaux, duveteux et munis de deux très-petites glandes ovalaires jaunes. — Stipules moyennes, lancéolées-élargies, profondément dentées, plusieurs fois et profondément lobées à leur base. — Feuilles des productions fruitières assez petites, à peine obovales, très-courtement et très-brusquement atténuées vers le pétiole, largement obtuses à leur extrémité, largement creusées en gouttière, bordées de dents assez fines, assez peu profondes, couchées et un peu aiguës, soutenues sur des pétioles très-courts et grêles. — Caractère saillant de l'arbre : teinte générale du feuillage d'un vert pré peu brillant ; feuilles des pousses d'été très-finement surdentées d'une manière bien remarquable ; tous les pétioles très-courts. — Fruit très-gros, jaune, d'égale qualité à la Reine-Claude dorée. — Maturité, *milieu d'Août.*

Reine-Claude de Brignais.

Catalogue Dauvesse. 1873.

Pousses d'été d'un vert vif, lavées d'un peu de rouge vineux du côté du soleil et glabres sur toute leur longueur. — Feuilles des pousses d'été moyennes, ovales-elliptiques ou ovales-arrondies, se terminant un peu brusquement en une pointe extraordinairement courte et fine, régulièrement concaves et un peu arquées, finement et peu profondément crénelées, soutenues à peu près horizontalement sur des pétioles extraordinairement courts, forts, glabres et munis de deux grosses glandes globuleuses verdâtres avec un centre rougeâtre. — Stipules très-fines et très-caduques. — Fleurs moyennes ou assez grandes, parfois un peu semi-doubles ; pétales ovales-arrondis, peu concaves, se recouvrant un peu entre eux, tachés de jaune à leur sommet ; divisions du calice assez courtes, bien atténuées à leur extrémité, presque aiguës ; pédicelles courts, grêles et glabres. — Feuilles des productions fruitières presque moyennes, obovales plus ou moins élargies, obtuses à leur extrémité, largement creusées et arquées, bordées de dents assez peu profondes, couchées et bien obtuses, bien soutenues sur des pétioles très-courts, forts et dressés. — Caractère saillant de l'arbre : teinte générale du feuillage d'un vert bleu intense et assez brillant ; feuilles des pousses d'été bien régulièrement concaves et garnies d'une crénelure fine et peu profonde ; tous les pétioles extraordinairement courts et forts.

Reine-Claude monstrueuse de Mezel.

Pousses d'été sensiblement anguleuses dans leur contour, d'un vert terne, un peu lavées de rouge du côté du soleil et bien lisses sur toute leur longueur. — Feuilles des pousses d'été grandes, un peu obovales, se terminant presque régulièrement en une pointe peu aiguë, concaves et à peine arquées, bordées de dents larges, profondes, doubles et arrondies, s'abaissant un peu sur des pétioles courts, forts et un peu flexibles, duveteux, d'un rouge vineux intense, munis de deux grosses glandes jaunes souvent aussi attachées à la base de la feuille. — Stipules jaunes, courtes, lancéolées, une ou deux fois et courtement lobées à leur base. — Fleurs petites ; pétales ovales-élargis, un peu concaves, très-légèrement tachés de jaune, quelquefois un peu dentés à leur sommet ; divisions du calice petites, courtes, peu larges et obtuses ; pédicelles très-courts, grêles et lisses. Fleurs de seconde poussée petites ; pétales obovales-elliptiques, bien concaves, écartés entre eux ; divisions du calice longues et larges, obtuses et souvent un peu recourbées en dessous ; pédicelles longs, grêles, duveteux et attachés à un support commun qui n'est autre chose que le prolongement d'une pousse qui a produit des boutons à fleurs au lieu de feuilles. — Feuilles des productions fruitières plus petites que celles des pousses d'été, ovales-elliptiques, souvent largement contournées par leur pointe obtuse, bordées de dents fines, recourbées et bien aiguës, assez peu soutenues par des pétioles de moyenne longueur, un peu flexibles. — Caractère saillant de l'arbre : teinte générale du feuillage d'un beau vert bien décidé ; toutes les feuilles plutôt grandes, profondément dentées et comme vernissées.

Reinette.

Pousses d'été d'un vert intense, colorées d'un noir violacé intense du côté du soleil, glabres sur toute leur longueur. — Feuilles des pousses d'été grandes, ovales bien élargies, se terminant régulièrement en une pointe obtuse, presque planes ou un peu convexes et bien arquées, bordées de dents très-larges, profondes et bien arrondies, se recourbant sur des pétioles un peu longs, forts, dressés, presque glabres, verts et munis de deux très-grosses glandes ovalaires bien vertes. — Stipules moyennes, lancéolées bien élargies, finement dentées et une fois lobées. — Fleurs petites, pétales arrondis, se réfléchissant en dessous après l'épanouissement, teintés de jaune par leurs bords; divisions du calice courtes, sensiblement atténuées et un peu aiguës à leur extrémité; pédicelles courts et de moyenne force. — Feuilles des productions fruitières moyennes, obovales-elliptiques et tendant à la forme ronde, largement arrondies à leur extrémité, à peine concaves ou même convexes et bien arquées, bordées de dents larges, profondes et bien obtuses, se recourbant sur des pétioles un peu longs, un peu forts et raides. — Caractère saillant de l'arbre : teinte générale du feuillage d'un vert intense ; toutes les feuilles bien élargies, épaisses, tendant un peu à la forme ronde ; toutes bien arquées et très-largement dentées ; coloration des rameaux d'un violet intense.

Royale de Braunau.

Catalogue Thomas Rivers. 1864.

Pousses d'été bien droites, d'un vert terne, de bonne heure lavées de rouge brun et glabres sur toute leur longueur. — Feuilles des pousses d'été grandes, obovales bien élargies, se terminant un peu brusquement en une pointe peu longue et large, planes et le plus souvent convexes, bordées de dents peu profondes et arrondies, bien soutenues sur des pétioles longs, forts et bien redressés, munis de deux glandes ovalaires. — Stipules courtes, en alênes fines et non lobées à leur base. — Fleurs petites ; pétales arrondis, concaves, se recouvrant un peu entre eux; divisions du calice de moyenne longueur, bien étroites et aiguës; pédicelles courts et grêles. — Feuilles des productions fruitières petites, obovales, assez atténuées et peu obtuses à leur extrémité, convexes, bordées de dents fines, peu profondes et émoussées, soutenues horizontalement sur des pétioles courts, grêles et fermes. — Caractère saillant de l'arbre : teinte générale du feuillage d'un vert herbacé et mat; pétioles des feuilles des pousses d'été bien dressés.

Saint-Etienne.

Downing.
Robert Hogg.

Pousses d'été duveteuses, d'un beau vert d'eau maculé de petites taches d'un rouge sanguin, plus nombreuses vers le sommet. — Feuilles des pousses d'été ovales-élargies, à pointe très-courte, presque planes, bordées de dents peu profondes et très-émoussées, tombant à l'extrémité de pétioles courts, forts, horizontaux, munis de fortes glandes. — Stipules de moyenne longueur, lancéolées, dentées. — Fleurs très-petites ; pétales bien arrondis, un peu concaves ; divisions du calice ovales, courtes ; pédicelles très-courts, assez grêles, duveteux. — Feuilles des productions fruitières beaucoup moins grandes que celles des pousses d'été, sensiblement plus rétrécies à leur base qu'à leur extrémité, planes, bordées de dents plus fines et plus régulières, assez bien soutenues par des pétioles très-courts et presque grêles. — Caractère saillant de l'arbre : feuillage d'un vert pré un peu foncé, assez brillant.

SULTANEK ERICK.

Pousses d'été d'un vert clair et un peu jaune, lavées de rouge sanguin et glabres sur toute leur longueur. — Feuilles des pousses d'été moyennes, obovales un peu allongées, sensiblement atténuées vers le pétiole, se terminant régulièrement en une pointe courte et aiguë, creusées en gouttière et peu arquées, paraissant assez largement et profondément crénelées plutôt que dentées, bien fermes sur leurs pétioles courts, peu forts, redressés, raides, glabres et munis de deux glandes globuleuses jaunes. — Stipules très-courtes, fines, une fois et peu profondément lobées à leur base. — Fleurs petites ; pétales elliptiques-allongés, peu concaves, écartés entre eux, lavés de jaune verdâtre ; divisions du calice extraordinairement longues, presque aiguës ; pédicelles très-courts et grêles. — Feuilles des productions fruitières moyennes, obovales-lancéolées, brusquement et très-sensiblement atténuées vers le pétiole, obtuses à leur extrémité, planes ou même un peu convexes, bordées de dents un peu profondes, couchées et bien aiguës, s'abaissant bien sur des pétioles un peu longs, un peu forts et recourbés en dessous. — Caractère saillant de l'arbre : feuilles des pousses d'été d'un vert très-vif et bien luisant ; feuilles des productions fruitières d'un vert plus intense, cependant toujours vif et mat ; toutes les feuilles plus ou moins sensiblement atténuées vers le pétiole, et plus ou moins allongées.

WASHINGTON PURPLE.

Catalogue Dauvesse. 1862-1863.

Pousses d'été sensiblement cannelées, lisses, d'un rouge sanguin foncé du côté du soleil, d'un vert gai à l'ombre. — Feuilles des pousses d'été ovales-arrondies, se terminant par une pointe aiguë, concaves, les supérieures un peu teintées de rougeâtre, bordées de dents assez aiguës, soutenues horizontalement par des pétioles bien courts, de moyenne force, un peu rouges et très-peu duveteux, munis de petites glandes portées sur un pédicelle et ressemblant à de petits champignons. — Stipules assez longues, lancéolées, dentées. — Fleurs presque moyennes ; pétales bien arrondis, bien concaves, à onglet court ; divisions du calice ovales-élargies, ciliées ou dentées, bien réfléchies en dessous ; pédicelles extrêmement courts, grêles, lisses. — Feuilles des productions fruitières moins arrondies, plus rétrécies à leur base que celles des pousses d'été, bordées de dents plus fines, moins profondes, concaves, soutenues à peu près horizontalement par des pétioles très-courts, maculés d'un rouge sanguin foncé. — Caractère saillant de l'arbre : feuillage peu ample, d'un vert peu foncé et terne.

WEINPFLAUME GROSSE GRÜNE.

Pousses d'été d'un vert pâle, à peine lavées de rouge du côté du soleil et glabres sur toute leur longueur. — Feuilles des pousses d'été assez petites ou moyennes, elliptiques-arrondies, se terminant régulièrement en une pointe aiguë, à peine repliées et à peine arquées, très-finement et peu profondément crénelées et surcrénelées, bien fermes sur leurs pétioles moyens, grêles, à peine duveteux, redressés et munis de deux très-petites glandes ovalaires. — Stipules très-courtes, extraordinairement fines et à peine lobées à leur base. — Fleurs moyennes ; pétales elliptiques, plutôt convexes que concaves, teintés de jaune à leur sommet, écartés entre eux ; divisions du calice moyennes, un peu larges, brusquement atténuées et presque aiguës à leur extrémité ; pédicelles assez longs, grêles et glabres. — Feuilles des productions fruitières petites, ovales-elliptiques, très-brusquement et à peine atténuées vers le pétiole, obtuses à leur extrémité, à peine concaves et non arquées, bordées de dents un peu profondes, recourbées et peu aiguës, soutenues horizontalement sur des pétioles courts et très-grêles. — Caractère saillant de l'arbre : teinte générale du feuillage d'un vert pré mat ; toutes les feuilles plutôt petites et tendant à la forme elliptique ; celles des pousses d'été très-finement crénelées et surcrénelées ; tous les pétioles plus ou moins grêles.

Zwillings Pflaume Liegels.

Liegels Zwillingspflaume. Jahn.

Pousses d'été de moyenne force, bien droites, d'un vert clair et gai à l'ombre, lavées de rouge vif du côté du soleil, lisses sur toute leur longueur. — Feuilles des pousses d'été moyennes, elliptiques-élargies ou elliptiques arrondies, se terminant en une pointe large et courte, planes ou presque planes, bordées de dents larges, profondes et arrondies, bien soutenues sur des pétioles un peu longs, un peu forts, munis de deux grosses glandes vertes un peu ovalaires. — Stipules moyennes, vertes, lancéolées, profondément dentées, le plus souvent non lobées à leur base. — Fleurs moyennes ; pétales ovales-elliptiques, irrégulièrement découpés ou un peu échancrés à leur sommet, un peu concaves ou presque planes ; divisions du calice assez courtes, élargies et arrondies à leur extrémité ; pédicelles longs, très-grêles, glabres. — Feuilles des productions fruitières presque moyennes, obovales-elliptiques, presque également atténuées à leurs deux extrémités, planes, se terminant régulièrement en une pointe courte et obtuse, bordées de dents fines, un peu profondes etémoussées, s'étalant sur des pétioles moyens, forts et rayonnants. — Caractère saillant de l'arbre : teinte générale du feuillage d'un vert foncé ; toutes les feuilles planes.

PRUNIERS

DONT LA DESCRIPTION N'A PAS ÉTÉ FAITE *

Abricotain Sageret.
* Abricot bronzé.
* Abricot de Dorell.
Abricotée de Liegel.
Abricotée d'Oberdieck.
Abricot gros Damas blanc.
Abricot-Pêche Fadant.
Admiral de Rigny.
Agen hâtif.
Al. Erik.
American Damson.
Anna Maria.
Apple Plum.
Aprikosenartige Mirabelle.
Auburn.

Ballonartige gelbe Damascene.
* Bechstein Spitzpflaume.
* *Behrens Königspflaume*, Royale de Behrens.
Belle de Hennequin.
Belle d'Esquermes.
Belvoir Plum.
Benedict.
Beni-Detto.
Blaue Frühdamascene.
Blooning Crehnninge.
Blue Plum.
Blum.
* Boulouf.
* Brandy Gage.
Bricetta.
Buloc Sweeting.
Bulonne.
Bunte Frühpflaume.

Burlington Gage.
Byfield.

Caldwell's Golden Gage.
Caldwell's White Gage.
Cambell.
Chapin.
Chapin's Early.
Chester County Plum.
Cheston, Diaprée violette
Chikasaw jaune.
Chonald's Janay.
Christs Damascene.
Cleavinger.
* Cloth of Gold.
* Coe's Seedling.
Coffer.
Cope.
Corse's Admiral.
Corse's Field Marshall.
Cornemuse.
* Cox's Emperor.
* Cruger's Scarlet.
Crummers Damascene.

* Damas Ballon rouge.
* Damas bleu précoce.
Damascene Kleine.
Damascene Lange violet.
Damas d'Espagne.
* — de Duhamel.
* — de Tours.
— hâtif.
* — noir précoce.
* — d'Onderka.

* Les astérisques désignent les Variétés dont les *Fleurs* sont décrites.
Les noms en caractères italiques indiquent les synonymes supposés.

* Damas précoce de Leipsick.
Damas violet.
Dame-Aubert blanche, Dame-Aubert jaune.
Dame-Aubert jaune.
D'Amour.
* De Cologne.
De Laghouat.
* De la Saint-Jean.
De Seigneur.
De Maraise.
Denger's Scarlet.
* Denger's Victoria.
De Prince.
De Schomest.
De Seigneur.
Dessert Bonischer.
De Waterloo.
Diaprée blanche.
Diaprée de Dorell neue weisse.
* Diaprée violette.
Diaprée whare weisse, Diaprée blanche.
Dictator.
Domine Dull.
Domino.
* Dorr's Favorite.
Douce de Nanzhausen.
Downing Early.
Drap d'or de l'Est, Mirabelle Drap d'or.
Duch Mignon.
Durchsichtige, Prune transparente.

* Early Cluster.
Early Cross.
Early Harvest.
Early Yellow Prune.
Eierpflaume Marmorite.
Elfrey.
Elton.
Emperor of Japan.
English Wheat.
Erik Waran, Waran Erik.

Firbas Königspflaume.
Foote's Golden Gage.
Fotheringham.
Frangès.
Freudenberger Frühpflaume.
Frost Gage, American Damson.
* *Frühe Königspflaume*, Royale-hâtive de Liegel.
* Frühzwetsche grosse.

Gem.
* Général Hand.
Ghiston's Early.
Gifford's Lafayette, Lafayette.
Golden Cherry Plum.
Golden Gage.
Grosse Englische Zwetsche.
Grosse Taubling.
Grosse Zuckerzwetsche.
Gulderling.
Gundaker Prune.
Guthries Apricot.
Gwalsh.

Haffner's Kônigspflaume.
Hallenbeck.
Hallenbrocke.
Harrison Heart.
Hâtive de Jansen.
Hazard.
Herzförmige Kirschpflaume.
Herzfôrmige Pflaume.
Higlander.
Higlander gelbe Pflaume.
Hoadley.
Hofingers Mirabelle, Mirabelle de Hofinger.
Holländische Zwetsche.
Horth Order.
How's Amber.

* Ickworth gelbe.
Impériale Alexandrina.
* Impériale de Sharp.
* Isabelle.

Jacob.
Jansen van Velten.
Jaune de Mecklembourg.
Jaune de Pallas.
* Jérusalem violette.
* Jisherzförmige Pflaume.

Kaiserin Downton.
Kaiserin Dunkelrothe.

* Kaiser Pflaume.
Kaiser Mailändische.
Kernfrucht Braunauer gelbe.
Kleiner gelbe Eierpflaume.
Kolenkamp.
Kônigspflaume Buchners.
Kônigspflaume Lallingers.
* Kônigspflaume Trapp's.
* *Kruger's Scarlet*, Cruger's Scarlet.

Lady Plum.
Lafayette.
Langdon's.
Late Bolmer.
Late Rivers.
Lewiston Egg.
Liegels Zwillingspflaume.
Louisa.
Lucas Kônigspflaume.
Ludwigspflaume.

Manning's Long Blue Prune.
Marie Muller.
* Martin's Koëtsche.
Mayerbôcks Zwetsche.
* Mediterranean.
Meig's.
Melnicker Zwetsche.
Meroldts Reine-Claude, Reine-Claude de Méroldt.
Miner.
Mirabelle abricotée, Petite Mirabelle.
— de Hofinger.
— *double de Metz*, Petite Mirabelle.
— double verte.
— Drap d'or.
* — *perlée*, Petite Mirabelle.
Monroe.
Mulberry.
Murphay.
Muscle.
Musk Damask.
Musquée d'Esperen.

Nancy.
Nectarine Plum.
Nelson's Victory.
New Large Bullace.
Newman.
Nikitaner Dattel Zwetsche.
Nikitaner Hahnenhode, Rognon-de-coq de Nikita.

Œuf, Dame-Aubert jaune.
Œuf jaune petite, Kleiner gelbe Eierpflaume.
Onderkas Damascene, Damas d'Onderka.
Ottomane, Impériale de Turquie.
* Owerall.

* Parsonage.
Peck's Seedling.
* Penobscot.
Perdrigon blanc, Prune de Brignoles.
Perdrigon Braunauer violet.
— bunter.
— hâtif.
— monstrueux.
— musqué de St-Michel, (prob[t] Dame-Aubert).
— neuee.
— Normännischer.
* — précoce d'Eugène Furst.
Petite Mirabelle.
Prince de Brahis.
Princesse d'Orange.
Prince's Primordian.
Prince's Yellow Gage.
Proly's Early Blue.
Powhatau.
Prune bleue hâtive.
— Datte violette.
— de Brignoles.
— de Chypre.
— de Coulommiers.
* — d'Effoln.
— de Hamaitre.
— de Montfort.
* — de Pontbriant.
— *de Prince*, De Seigneur.
— Mas.
— Œuf bleue.
— transparente.
Prunier de Mimm.

* Quetsche ambrée.
— bleue de Worms.

Quetsche d'Août vraie de Diel.
— de Létricourt.
— précoce de Liegel.
* — précoce de Scholcher.
— rouge de Schmidt.
— sucrée de Landsberger.
— sucrée petite.

Reagle's Ancient City.
Reagle's Gage.
Reagle's Union Purple.
Red Gage.
Red Gage of Suthern County.
Reine-Claude Aloïse.
— Briou.
— Coulon.
— de Bollwiller.
— de Méroldt.
— *Frühe gelbe*, Prune transparente.
— Levasseur.
— rouge Alphonse.
— Van der Brock.
Richland.
Rhinebeck Yellow Gage.
Rhue.
Roby's Yellow.
* Rockeby.
* Rognon-de-coq de Nikita.
Ronald's Fancy.
Rosspanke Grosse.
Rossy's Frühe Hauszwetsche.
Rothe Frühdamascene.
Rothe Jungfernpflaume.
* Rothe susse Kônigspflaume.
Rothe Taubenherz.
Rother Tiefbutzer.
Rothe Zwetsche.
Royale de Behrens.
— de Jersey.
* — de Mansfeld.
* — de Siebenfreud.
— douce.
— hâtive de Liegel.

* Royal Green Gage.
Royers Aprikosenpflaume.

Scabella.
Schenectady Catherine.
Semiana of Boston.
Suisse.
Surpasse Monsieur.
Swis Penn.
Swis Plum.

Tardive de Penn.
Thomas.
Thomas Pflaume, Thomas.
Thorndyke Gage.
Tomlinson's Charlotte.
Trouvée de Vonèche.
Trummers Damascene.

Ulysse's.
* Ungarische Dattelzwetsche.
Urbanelks Damascene.

Violette de Galopin.
Violette d'été.
Virgin.
Vrai Drap d'or transparent.

Walpole.
Waran Erik.
White Globe.
White Impératrice.
Wilkinson.
Wine-sour Diamond.

Yellow Magnum Bonum, Dame-Aubert jaune.
Yves Seedling.

* Zuchetta Gialla.
Zwery.
Zwetsche Ax's grosse.
Zwetsche Bernstein.
Zwestche von der Worms, Quetsche bleue de Worms.

PÊCHERS

MALTE DE HENRI GOUIN

(PÊCHE)

[N° 1]

INÉDITE.

OBSERVATIONS. — Arbre d'une vigueur contenue sur prunier, d'une végétation bien équilibrée, le disposant à se plier à toutes formes sur ce sujet. Sur franc, la taille de ses rameaux de prolongement peut être allongée sans crainte de voir se produire des vides sur ses branches de charpente ; ses boutons à bois bien constitués sortent bien et le remplacement de la petite branche fruitière s'obtient facilement, surtout au moyen de la taille en crochet et en ne laissant que deux ou trois fleurs au plus sur le rameau porteur, ses fleurs nouant très-bien leur fruit. — Variété bien à multiplier dans le jardin fruitier ; c'est une descendance de l'ancienne Pêche de Malte qu'elle surpasse par sa bonne végétation, qu'elle surpasse peut-être aussi par la qualité de son fruit sinon par son volume, et ses produits succèdent par leur maturité à ceux de la variété type. Il semble qu'elle peut supporter le plein air dans les localités un peu favorables à la culture du Pêcher.

DESCRIPTION.

Rameaux peu forts, presque unis dans leur contour, à entre-nœuds courts, d'un vert très-clair un peu jaune du côté de l'ombre, d'un rouge sanguin intense du côté du soleil.

Boutons à bois petits, coniques, aigus, à direction parallèle ou appliquée au rameau, soutenus sur des supports bien saillants et dont les côtés se prolongent finement ; écailles de couleur marron, à peine duveteuses.

Pousses d'été plutôt courtes qu'allongées, d'un vert vif à l'ombre, peu colorées du côté du soleil.

Feuilles supérieures moyennes, un peu sensiblement atténuées à leur base, diminuant lentement et régulièrement de largeur pour se terminer en une pointe courte et souvent contournée, très-peu repliées sur leur nervure médiane ou planes, bordées de dents fines, doubles, profondes et aiguës, soutenues sur des pétioles courts, peu forts et entièrement dépourvus de glandes. Feuilles inférieures, petites, obovales-lancéolées, se terminant presque régulièrement en une pointe courte et aiguë, souvent sensiblement ondulées et contournées par leur pointe, bordées de dents doubles, fines et bien aiguës.

Stipules assez longues, profondément laciniées.

Boutons à fruit moyens, ovoïdes, un peu obtus ; écailles un peu lâches, les extérieures d'un rouge clair, les intérieures d'un fauve doré et peu duveteuses.

Fleurs grandes, bien ouvertes ; pétales arrondis un peu concaves, d'un rose tendre; calice à tube très-court, à divisions courtes, bien arrondies à leur extrémité, bordées de vert et un peu duveteuses.

Caractère saillant de l'arbre : teinte générale du feuillage d'un beau vert vif et brillant ; presque toutes les feuilles contournées par leur pointe.

Fruit moyen ou presque moyen, sphérique bien déprimé à ses deux pôles, atteignant sa plus grande épaisseur à peu près au milieu de sa hauteur; au-dessus et au-dessous de ce point, s'arrondissant par des courbes à peu près également convexes, soit du côté du point pistillaire, soit du côté de la cavité de la queue, à joues bien convexes, partagé sur une de ses faces en deux parties ordinairement égales par un sillon peu profond, évasé, qui se continue du côté opposé par une dépression prononcée, de sorte que le fruit paraît partagé sur toute sa hauteur.

Point pistillaire peu appréciable s'il n'était ordinairement noir, placé dans une petite cavité sur le trajet du sillon à la dépression qui lui correspond.

Cavité de la queue peu profonde, ovalaire et un peu évasée.

Peau fine, mince, couverte d'un duvet blanc, très-court et serré, d'abord d'un vert clair, puis passant à la maturité, **fin d'août et commencement de septembre**, au vert un peu jaune, voilé d'un nuage de pourpre léger, traversé par des raies courtes de la même couleur plus foncée.

Chair d'un blanc un peu verdâtre, exceptionnellement un peu teintée de rose autour du noyau, bien fine, serrée, un peu ferme, succulente, pourvue d'un jus très-sucré et excellemment parfumé, constituant un fruit de toute première qualité.

Noyau d'un joli brun, petit pour le volume du fruit, ellipsoïde, court, arrondi à son point d'attache à la queue, se terminant un peu brusquement du côté opposé en une pointe extraordinairement courte et aiguë, à joues sensiblement convexes du côté de la pointe, un peu comprimées du côté du point d'attache à la queue, finement et un peu profondément rustiquées, se détachant de la chair; suture ventrale saillante, très-étroitement et peu profondément sillonnée, un peu crénelée et tranchante par ses bords; arête dorsale peu épaisse et saillante surtout du côté du point d'attache; rainures latérales très-étroites et peu profondes.

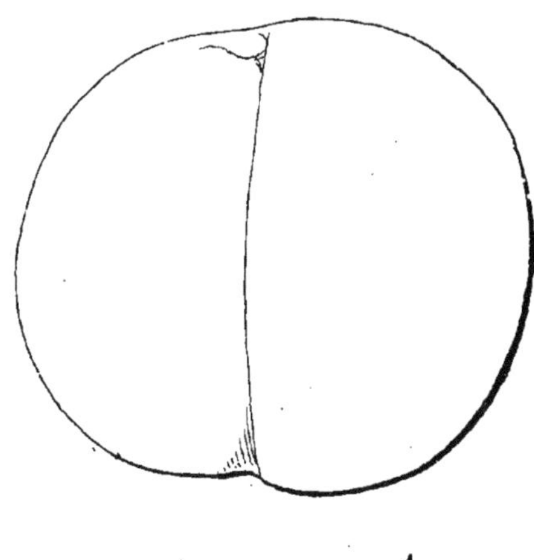

1

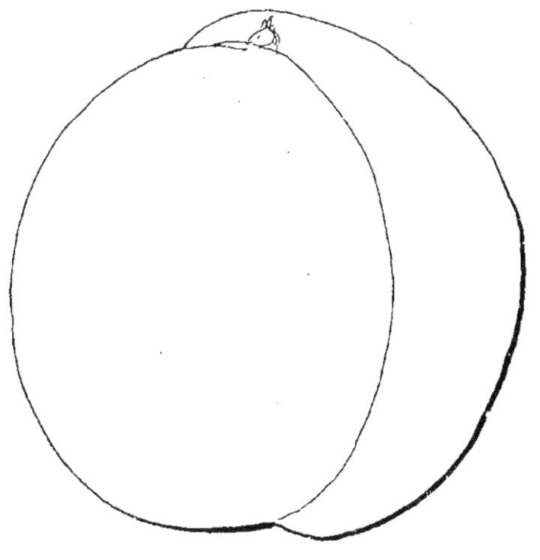

2

1. MALTE DE HENRI GOUIN. 2 OLDENBURG.

Feingeon, Del. Imp. Authier et Renbier, Bo

OLDENBURG

(NECTARINE)

[N° 2]

Revue horticole. 1870. O. THOMAS.

OBSERVATIONS. — MM. Simon-Louis, de Metz, ont reçu cette variété d'Angleterre, sans indication d'origine. — L'arbre, de vigueur normale sur prunier, est facile à soumettre à toutes formes. — Variété bien à multiplier dans le jardin fruitier. Elle est rustique et s'accommode à toute exposition. Sa fertilité est précoce et bonne, et son fruit peut être classé parmi les meilleures Nectarines précoces.

DESCRIPTION.

Rameaux forts, allongés, presque unis dans leur contour, droits, à entre-nœuds assez longs, d'un vert pâle, terne et un peu jaune du côté de l'ombre, colorés de rouge sanguin vif du côté du soleil.

Boutons à bois assez petits, coniques, bien aigus ; écailles d'un marron rougeâtre très-foncé.

Pousses d'été d'un vert vif et lavées de rouge sanguin du côté du soleil.

Feuilles supérieures assez grandes, lancéolées-allongées et s'atténuant en une pointe longue et étroite, peu repliées sur leur nervure médiane et souvent largement ondulées dans leur contour, bordées de dents peu profondes, bien couchées et aiguës, soutenues sur des pétioles très-courts, peu profondément canaliculés et munis de deux ou plusieurs glandes globuleuses pédicellées, brunes à leur centre. Feuilles inférieures beaucoup plus petites que celles des pousses d'été, un peu sensiblement atténuées vers le pétiole, s'atténuant régulièrement en une pointe finement aiguë, peu repliées sur leur nervure médiane et largement ondulées dans leur contour, bordées de dents peu profondes, un peu couchées et bien aiguës.

Stipules très-courtes et non ciliées.

Boutons à fruit moyens, conico-ovoïdes, un peu aigus, nombreux sur toute la longueur du rameau dont ils s'écartent un peu par leur direction, soutenus presque toujours deux à deux sur des supports un peu saillants dont les côtés et l'arête se prolongent à peine distinctement ; écailles rougeâtres et presque glabres.

Fleurs très-petites, presque fermées ; pétales ovales-arrondis, bien concaves, dressés, d'un rose rouge clair et vif, dépassant peu les divisions du calice longues, bien atténuées et presque aiguës à leur extrémité, peu colorées et duveteuses ; étamines extraordinairement saillantes.

Caractère saillant de l'arbre : teinte générale du feuillage d'un vert herbacé assez intense et peu brillant ; la plupart des feuilles plus ou moins largement ondulées.

Fruit moyen, presque sphérique ou sphérico-ovoïde, à peine tronqué du côté du point pistillaire et un peu plus largement tronqué du côté de la cavité de la queue, largement convexe par ses joues, convexe-comprimé par une de ses faces et sensiblement plus convexe par la face opposée traversée par un sillon large et profond, qui se prolonge sur l'autre face par une dépression assez creusée pour que le fruit paraisse comme partagé en deux parties semblables.

Point pistillaire attaché à un petit mucron interceptant le trajet du sillon à la dépression qui lui correspond.

Cavité de la queue large, profonde et souvent un peu irrégulière par ses bords.

Peau fine, mince, lisse, se détachant de la chair, d'abord d'un vert pâle, puis passant à la maturité, **fin d'août**, au jaune pâle largement lavé, du côté du soleil, d'un rouge cerise vif qui décroît en marbrures sur les parties moins éclairées.

Chair d'un blanc à peine teinté de jaune, fine, succulente, abondante en eau bien sucrée et très-agréablement parfumée, constituant un fruit de première qualité.

Noyau un peu petit pour le volume du fruit, régulièrement ovoïde, tronqué et un peu échancré à son point d'attache à la queue, se terminant très-brusquement à son autre extrémité en une pointe un peu longue, tranchante et aiguë, à joues sensiblement et bien uniformément bombées, finement trouées et rustiquées, se détachant de la chair ; suture ventrale profondément sillonnée, obscurément crénelée par ses bords ; arête dorsale peu épaisse, non saillante, composée de lamelles exactement soudées entre elles ; rainures latérales larges et profondes.

SAINT-BARTHÉLEMY

(PÊCHE)

[N° 3]

Catalogue BONAMY frères, de Toulouse.

OBSERVATIONS. — Semis de hasard trouvé dans un jardin appartenant à M. Rivals, propriétaire à Toulouse, et alors occupé par MM. Barthère frères, pépiniéristes de cette ville. — L'arbre est d'une végétation bien contenue sur prunier. Une taille courte est nécessaire pour ménager sa fertilité et assurer le remplacement de sa branche fruitière. Il s'accommode très-bien de la forme de cordon. — Variété bien à multiplier dans le jardin fruitier. Elle est d'une fertilité grande et soutenue. Son fruit se distingue entre les premières bonnes pêches à chair jaune. Il mûrit en même temps que le Melocoton précoce de Crawford ou Willermoz, et lui est supérieur par sa qualité.

DESCRIPTION.

Rameaux peu forts et fluets à leur partie supérieure, un peu anguleux dans leur contour, droits, à entre-nœuds courts, d'un vert vif et un peu teinté de jaune du côté de l'ombre, colorés de rouge violet intense du côté du soleil.

Boutons à bois gros, coniques, un peu allongés et bien aigus, tantôt appliqués au rameau, tantôt un peu écartés; écailles d'un marron foncé et brillant.

Pousses d'été d'un vert clair, légèrement lavées de rouge brun du côté du soleil.

Feuilles supérieures grandes, lancéolées bien allongées, s'atténuant lentement et régulièrement en une pointe bien finement aiguë, presque planes et souvent largement ondulées dans leur contour, bordées de dents très-peu profondes et si bien couchées qu'elles paraissent plutôt crénelées que dentées, soutenues sur des pétioles courts, forts, largement canaliculés et munis de glandes réniformes. Feuilles inférieures à peine moyennes, plus sensiblement atténuées vers le pétiole et s'atténuant plus promptement pour se terminer en une pointe un peu longue, étroite et aiguë, planes et largement ondulées, bordées de dents fines, un peu profondes, couchées et bien aiguës.

Stipules assez courtes, bien fines et non laciniées.

Boutons à fruit gros, conico-ovoïdes, un peu aigus, à direction tantôt parallèle au rameau, tantôt un peu écartée, souvent solitaires sur des supports bien saillants dont les côtés et l'arête médiane se prolongent assez distinctement; écailles d'un marron foncé et luisant.

Fleurs très-grandes, ouvertes; pétales arrondis-élargis, plissés en oreillette à leur base, d'un joli rose violet, peu concaves; calice en godet peu large et recouvert d'écailles brunes longtemps persistantes, à divisions bien larges à leur base, subitement atténuées à leur extrémité, colorées de rouge et à peine duveteuses.

Caractère saillant de l'arbre: teinte générale du feuillage d'un vert herbacé intense et brillant; toutes les feuilles plus ou moins ondulées.

Fruit gros ou assez gros, sphérico-ovoïde, assez souvent bosselé dans sa surface, bien obtus du côté du point pistillaire, tronqué sur une petite étendue du côté de la queue, très-largement convexe par ses joues, également convexe par une de ses faces, et un peu plus convexe par la face opposée partagée en deux parties à peu près égales par un sillon très-étroit et un peu profond.

Point pistillaire attaché à un très-petit mucron, tantôt un peu enfoncé dans une cavité, tantôt à peine saillant à l'extrémité du sillon.

Cavité de la queue étroite, profonde et profondément pénétrée par l'entrée du sillon.

Peau fine, se détachant bien de la chair, couverte d'un duvet roux et un peu feutré, d'abord d'un vert jaunâtre, puis passant à la maturité, **fin d'août,** au jaune vif et recouvert, du côté du soleil, d'un rouge brun marbré de rouge feu et ces marbrures ou taches se dispersent aussi sur les parties moins éclairées, qui prennent un ton couleur de feu.

Chair d'un jaune intense et striée de pourpre vineux vers le noyau, assez fine, fondante, abondante en jus sucré, relevé et parfumé, constituant un fruit de première qualité entre les Pêches à chair jaune.

Noyau proportionné au volume du fruit, ovo-ellipsoïde et extraordinairement épais, arrondi plutôt que tronqué à son point d'attache à la queue, se terminant un peu brusquement à son autre extrémité en une pointe un peu longue, à joues bien bombées uniformément, finement et peu profondément trouées et rustiquées, retenant de nombreux filaments de la chair; suture ventrale un peu saillante, très-étroitement et peu profondément sillonnée, largement et profondément crénelée par ses bords; arête dorsale peu épaisse, peu saillante, formée de lamelles presque exactement soudées entre elles; rainures latérales larges et profondes.

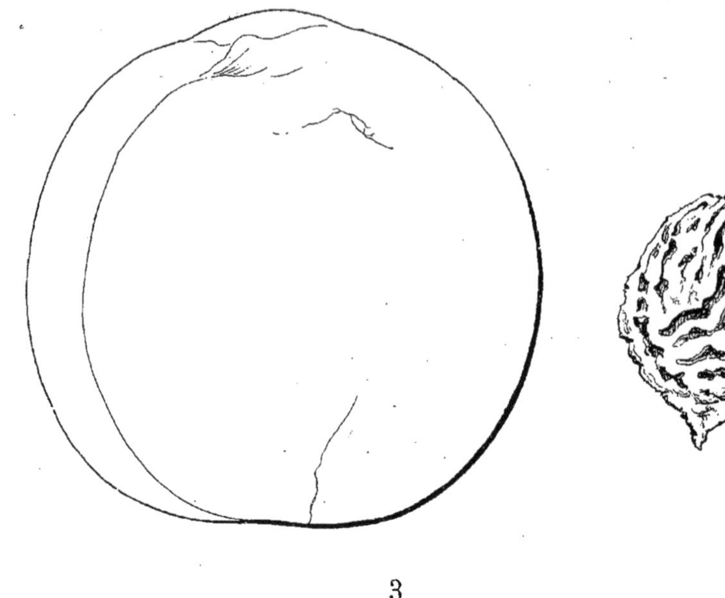

3

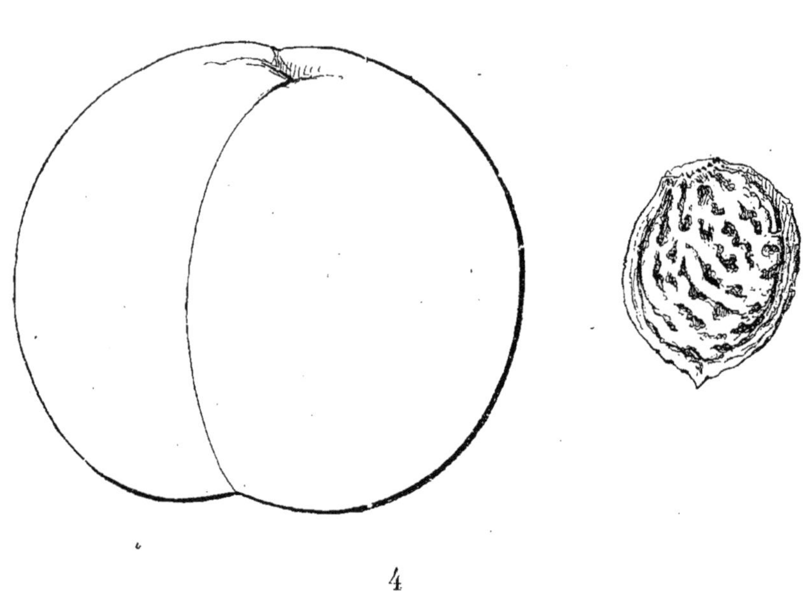

4

3. SAINT-BARTHÉLEMY. 4. JAUNE DES CAPUCINS.

Jeon, Del. Imp. Authier et Barbier. Bourg.

JAUNE DES CAPUCINS

(PÊCHE)

[N° 4]

Catalogue Bonamy frères, de Toulouse.

Observations. — Cette variété est un semis de hasard trouvé dans le jardin des Capucins de Toulouse. — L'arbre, de vigueur normale sur prunier, est facile à soumettre à toutes formes. Sa fertilité est précoce et bonne ; son fruit est de bonne qualité. — Variété à multiplier dans le jardin fruitier et probablement dans le verger, surtout dans les localités où la chaleur se prolonge pendant l'automne. Toute exposition à l'espalier peut lui suffire, cependant la maturité de son fruit est assez tardive pour préférer celle dont une grande partie de la direction est au Sud.

DESCRIPTION.

Rameaux de moyenne force, allongés et un peu fluets à leur partie supérieure, unis ou presque unis dans leur contour, droits, à entre-nœuds de moyenne longueur, d'un vert clair teinté de jaune du côté de l'ombre, colorés de rouge vineux intense du côté du soleil.

Boutons à bois petits, coniques, courts et courtement aigus, appliqués au rameau ; écailles d'un rouge foncé et brillant.

Pousses d'été d'un vert bien jaune, lavées de rouge brun du côté du soleil.

Feuilles supérieures grandes, lancéolées-élargies, s'atténuant lentement en une pointe aiguë, à peine repliées sur leur nervure médiane et souvent largement ondulées dans leur contour, bordées de dents fines, peu profondes, extraordinairement couchées et aiguës, soutenues sur des pétioles un peu longs, forts, à peine canaliculés et munis de deux ou plusieurs grosses glandes réniformes. Feuilles inférieures petites, obovales-lancéolées, se terminant un peu brusquement en une pointe courte, à peine repliées sur leur nervure médiane et souvent largement ondulées dans leur contour, bordées de dents très-fines, très-peu profondes, couchées et bien aiguës.

Stipules de moyenne longueur, finement et peu profondément laciniées.

Boutons à fruit assez gros, ovoïdes, bien renflés et émoussés, à direction parallèle au rameau, soutenus le plus souvent deux à deux sur des supports bien saillants dont les côtés et l'arête médiane ne se prolongent pas ou très-peu distinctement; écailles d'un fauve rougeâtre, très-finement soyeuses sans que leur couleur soit cachée par le duvet.

Fleurs petites, peu ouvertes; pétales obovales-élargis, très-concaves, ne pouvant s'étaler, d'un rose rouge vif; calice en entonnoir extraordinairement court et extraordinairement élargi, à divisions courtes, très-larges et très-largement arrondies à leur extrémité; étamines un peu saillantes.

Caractère saillant de l'arbre: teinte générale du feuillage d'un beau vert herbacé vif et brillant; toutes les feuilles bordées de dents bien fines, extraordinairement couchées et aiguës.

Fruit gros, sphérique, le plus souvent plus large que haut, un peu tronqué du côté du point pistillaire et largement tronqué du côté de la cavité de la queue, largement convexe par ses joues, également convexe par une de ses faces, et un peu plus convexe par la face opposée partagée en deux parties peu inégales par un sillon étroit et très-peu profond.

Point pistillaire attaché à un très-petit mucron situé au fond d'une cavité étroite et profonde.

Cavité de la queue large, profonde, bien évasée, régulière et étroitement pénétrée dans ses bords par l'entrée du sillon.

Peau fine, mince, se détachant de la chair, couverte d'un duvet blanc, un peu épais, cotonneux, se roulant sous les doigts, d'abord d'un vert jaunâtre, puis passant à la maturité, **commencement et milieu de septembre**, au jaune clair, largement lavé du côté du soleil d'un beau rouge vif rayé de rouge plus foncé, plus intense à son centre et décroissant en marbrures sur les parties moins éclairées.

Chair d'un jaune intense, colorée de pourpre vineux vers le noyau, assez fine, fondante, abondante en eau sucrée, relevée et parfumée, constituant un fruit de bonne qualité.

Noyau proportionné au volume du fruit, ovo-ellipsoïde, court, largement tronqué à son point d'attache à la queue, se terminant brusquement à son autre extrémité en une pointe courte et bien aiguë, à joues bien régulièrement bombées, peu trouées et peu rustiquées, retenant quelques filaments de la chair; suture ventrale étroitement et profondément sillonnée, obscurément crénelée par ses bords; arête dorsale un peu épaisse, non saillante, dont les lamelles presque exactement soudées entre elles sont finement tranchantes à sa partie centrale; rainures latérales très-étroites et très-profondes.

PROUDFOOT

(PÊCHE)

[N° 5]

INÉDITE.

OBSERVATIONS. — D'origine américaine, cette variété est probablement un gain du Docteur Proudfoot, de Cleveland (Ohio), le même qui obtint la Cerise qui porte son nom. — L'arbre, de vigueur contenue sur prunier, convient aux petites formes sur ce sujet et surtout au cordon droit ou oblique. Une taille courte est nécessaire pour ménager sa fertilité très-précoce et très-grande. — Variété à introduire dans le jardin fruitier. Elle semble rustique. Toutefois une exposition chaude assure mieux la qualité de son fruit de maturité vraiment tardive.

DESCRIPTION.

Rameaux grêles, un peu anguleux dans leur contour, droits, à entrenœuds très-courts, d'un vert un peu jaune du côté de l'ombre, colorés d'un rouge vineux intense et brillant du côté du soleil.

Boutons à bois très-petits, courts, peu aigus; écailles d'un marron foncé et à peine duveteuses.

Pousses d'été d'un vert clair et vif à l'ombre, colorées du côté du soleil d'un rouge vineux terne.

Feuilles supérieures petites, ovales-lancéolées, étroites, se terminant régulièrement en une pointe étroite et allongée, peu repliées sur leur nervure médiane ou presque planes, bordées de dents bien fines, peu profondes, bien couchées et finement aiguës, soutenues sur des pétioles courts, peu forts et munis de deux ou plusieurs grosses glandes réniformes. Feuilles inférieures petites, obovales-lancéolées, étroites et allongées, se terminant un peu brusquement en une pointe bien longue et finement aiguë, presque planes, bordées de dents souvent un peu larges, assez profondes et aiguës.

Stipules courtes, bien fines et à peine laciniées à leur base.

Boutons à fruit petits, ovo-ellipsoïdes, courtement aigus, à direction un peu écartée du rameau, soutenus presque toujours deux à deux sur des supports peu saillants dont les côtés et l'arête médiane se prolongent plus ou moins distinctement ; écailles d'un marron peu foncé et couvertes d'un duvet très-court.

Fleurs grandes, ouvertes; pétales cordiformes, peu concaves, ondulés dans leur contour, d'un rose violet intense ; calice en godet très-court et peu large, à divisions très-courtes, bien atténuées, un peu obtuses à leur extrémité, bien colorées et peu duveteuses.

Caractère saillant de l'arbre : teinte générale du feuillage d'un vert herbacé et terne ; toutes les feuilles petites, plus ou moins étroites ; bois grêle ; il pourrait être nommé avec raison : Pêcher à feuilles de saule.

Fruit gros ou assez gros, sphérico-conique, beaucoup plus épaissi du côté de la cavité de la queue et s'atténuant assez sensiblement pour ensuite s'arrondir du côté du point pistillaire, peu convexe par ses joues, plus convexe par ses faces dont l'une est traversée par un sillon étroit et très-peu profond, qui se continue peu longuement sur la face opposée souvent bien comprimée.

Point pistillaire attaché à un petit mucron court et très-délié, placé dans une petite dépression formée par l'extrémité du sillon.

Cavité de la queue très-peu profonde, très-évasée d'une manière vraiment caractéristique, bien régulière et dont les bords sont à peine pénétrés par l'entrée du sillon.

Peau un peu épaisse, couverte d'un duvet long et épais, d'abord d'un vert jaunâtre, puis passant à la maturité, **commencement et milieu d'octobre**, au jaune mat lavé et rayé de rouge du côté du soleil.

Chair jaune, d'un pourpre vif autour du noyau, demi-fine, fondante, abondante en jus plus ou moins sucré, suivant la saison, acidulé et parfumé, constituant un fruit d'assez bonne qualité pour l'époque tardive de sa maturité.

Noyau un peu gros pour le volume du fruit, ovoïde bien élargi et bien comprimé, largement arrondi plutôt que tronqué à son point d'attache à la queue, se terminant peu brusquement à son autre extrémité en une pointe très-courte et très-fine, à joues très-peu bombées, finement et peu profondément trouées et rustiquées, se détachant de la chair ; suture ventrale extraordinairement saillante, étroitement et profondément sillonnée, grossièrement crénelée par ses bords ; arête dorsale un peu épaisse, un peu saillante, composée de lamelles imparfaitement soudées ; rainures latérales étroites et très-peu profondes.

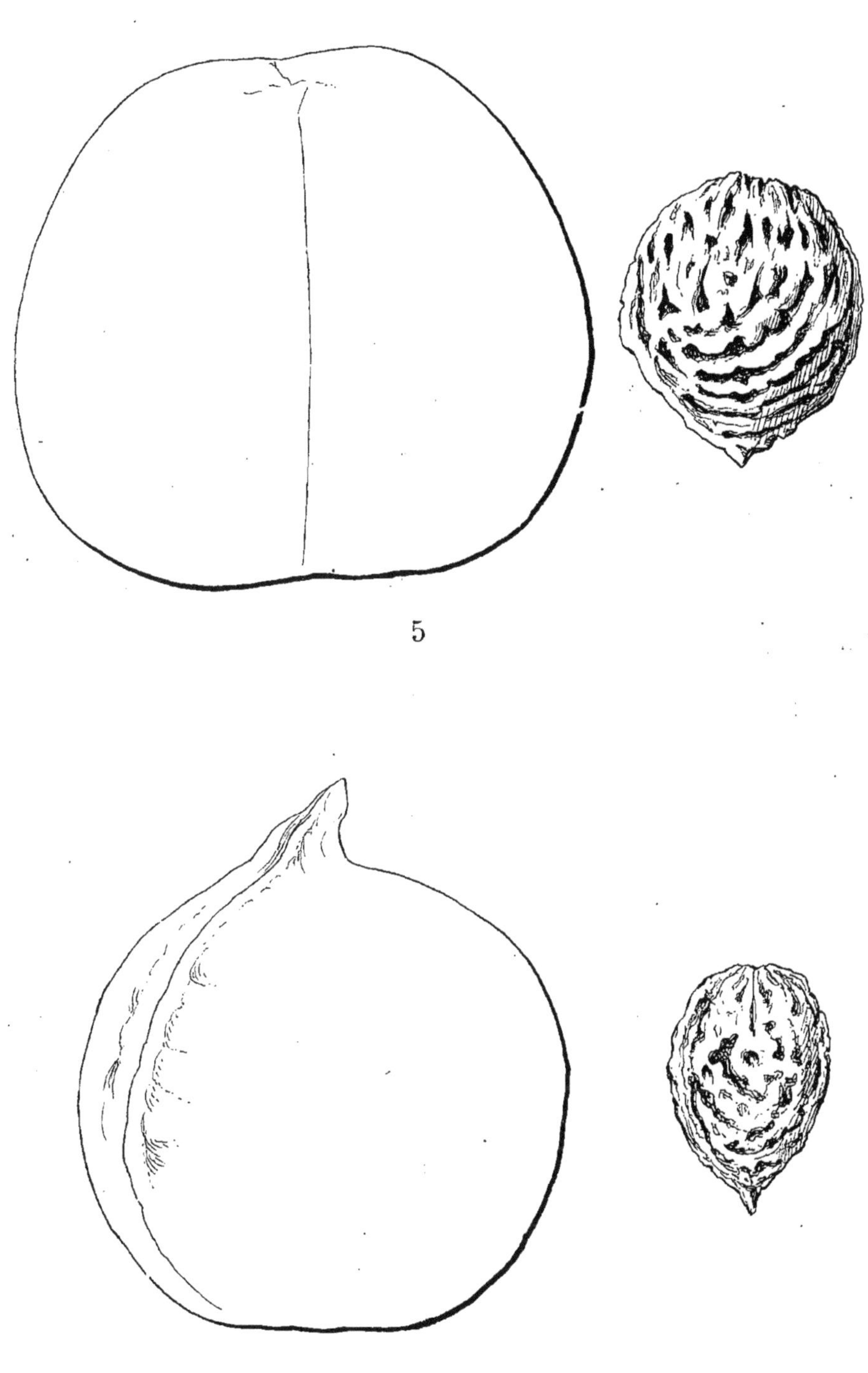

5. PROUDFOOT .. 6. PAVIE LIMON.

Peingeon, Del.

ier, Bou

PAVIE LIMON

(LEMON CLINGSTONE)

(PAVIE)

[N° 6]

The Fruits and the fruit-trees of America. DOWNING.
The American fruit Culturist. THOMAS.

OBSERVATIONS. — Originaire de la Caroline du Sud. — L'arbre est de vigueur très-contenue sur prunier. La greffe sur amandier et une exposition chaude sont nécessaires à son fruit pour qu'il s'achève bien dans sa saveur et son volume. Sa fertilité précoce et grande doit être ménagée par une taille courte. — Variété à multiplier dans le jardin fruitier dans nos contrées du Centre, et dont la rusticité annonce la réussite en plein air dans celles du Midi. Elle porte en Amérique, où elle s'est plusieurs fois reproduite de semis, de nombreux synonymes tels que ceux de : Kennedy's Carolina, Kennedy's Lemon Clingstone, Largest Lemon, Long Yellow Pine-apple, Pine-apple Clingstone, Yellow Pine-apple, Allison.

DESCRIPTION.

Rameaux grêles, anguleux dans leur contour, droits, à entre-nœuds courts, presque jaunes du côté de l'ombre, colorés d'un rouge vif du côté du soleil.

Boutons à bois petits, courts, coniques, aigus, appliqués au rameau ; écailles d'un marron presque noir et glabres.

Pousses d'été d'un vert très-clair et un peu jaune, lavées de rouge terne du côté du soleil.

Feuilles supérieures assez petites, lancéolées-étroites et longuement atténuées en une pointe étroite et recourbée, repliées sur leur nervure médiane et souvent bien ondulées dans leur contour, bordées de dents très-fines, très-peu profondes, bien couchées et aiguës, soutenues sur des pétioles très-courts, très-grêles, à peine canaliculés et munis de deux ou plusieurs glandes réniformes et souvent de couleur jaune. Feuilles inférieures plus petites, obovales-lancéolées, longuement et sensiblement atténuées vers le pétiole, se terminant peu brusquement en une pointe courte, très-fine et recourbée, bordées de dents très-fines, très-peu profondes, couchées et aiguës.

Stipules courtes, fines et finement ciliées.

Boutons à fruit petits, conico-ovoïdes, peu aigus, à direction peu écartée du rameau, soutenus presque toujours deux à deux sur des supports très-saillants dont les côtés et l'arête médiane se prolongent distinctement; écailles d'un marron foncé, glabres ou presque glabres.

Fleurs très-petites, peu ouvertes; pétales elliptiques, bien concaves, dressés, d'un rose rouge clair ; calice en entonnoir très-court et extraordinairement large, à divisions bien atténuées, souvent aiguës à leur extrémité et bien duveteuses ; étamines bien saillantes.

Caractère saillant de l'arbre : teinte générale du feuillage d'un vert pré un peu jaune et un peu brillant ; toutes les feuilles plus ou moins petites, plus ou moins étroites et recourbées par leur extrémité ; tous les pétioles très-courts et très-grêles.

Fruit gros, ovoïde, surmonté d'un mamelon bien développé du côté du point pistillaire, tronqué sur une petite étendue du côté de la cavité de la queue, souvent bosselé dans sa surface et un peu irrégulier dans sa forme, assez convexe par ses joues, également convexe par une de ses faces et beaucoup plus convexe par la face opposée traversée par une côte saillante portant un sillon un peu prononcé et dont les lèvres sont ordinairement ondulées sur toute leur longueur.

Point pistillaire attaché au sommet du mamelon souvent un peu courbé qui termine le fruit.

Cavité de la queue très-étroite et profonde, souvent divisée par ses bords en des côtes peu développées et qui se prolongent à peine sur la base du fruit.

Peau un peu ferme, longtemps d'avance d'un jaune verdâtre, puis passant à la maturité, **milieu de septembre,** au jaune d'or lavé et marbré de rouge feu du côté du soleil et sur une petite étendue.

Chair jaune, un peu striée de pourpre vineux vers le noyau, ferme, peu abondante en eau richement sucrée, vineuse, acidulée, constituant un fruit de bonne qualité entre les Pavies à chair jaune et de la plus belle apparence.

Noyau petit pour le volume du fruit, ovoïde-allongé, un peu tronqué à son point d'attache à la queue, se terminant presque régulièrement à son autre extrémité en une pointe longue et aiguë, à joues régulièrement bombées, très-peu profondément trouées, à peine rustiquées et bien adhérentes à la chair ; suture ventrale très-étroitement et très-peu profondément sillonnée, obscurément crénelée par ses bords ; arête dorsale peu épaisse, un peu saillante et tranchante par ses deux lamelles centrales ; rainures latérales larges et profondes.

PETITE BOURDINE

(PÊCHE)

[N° 7]

Les Meilleurs Fruits. DE MORTILLET.

OBSERVATIONS. — Origine inconnue (1). — L'arbre est d'une vigueur contenue sur prunier. La greffe sur amandier lui est nécessaire lorsqu'il doit être placé à l'exposition du midi ; il serait à craindre que sur prunier ses fruits ne pussent toujours s'achever dans leur volume. — Variété bien à multiplier dans le jardin fruitier. Elle est d'une conduite facile sous toutes formes. Sa fertilité est précoce et grande.

DESCRIPTION.

Rameaux grêles, extraordinairement fluets à leur partie supérieure, très-finement anguleux dans leur contour, droits, à entre-nœuds assez courts ou de moyenne longueur, d'un vert intense du côté de l'ombre, colorés de rouge sanguin du côté du soleil.

Boutons à bois moyens, coniques, aigus ; écailles d'un marron un peu brillant.

Pousses d'été d'un vert vif et lavées de rouge sanguin du côté du soleil.

Feuilles supérieures grandes, lancéolées-élargies et s'atténuant peu pour se terminer en une pointe peu longue, à peine repliées et finement froncées sur leur nervure médiane, bordées de dents très-fines, très-peu profondes,

(1) J'ai adopté pour cette variété le nom créé par M. de Mortillet, parce que je trouve qu'il lui convient très-bien. Quant à l'origine qu'il lui suppose, il me semble qu'elle est trop douteuse pour l'admettre.

Cette variété est aussi dans le commerce sous le nom de Chevreuse tardive avec lequel je l'ai reçue et je ne serais pas éloigné de croire qu'elle est la Chevreuse tardive de Duhamel. Elle en a parfaitement les fleurs et le fruit ; malheureusement le caractère des glandes manque pour compléter une certitude. Il faut bien remarquer en même temps, que la Chevreuse tardive de Duhamel n'est pas celle de Loiseleur-Deslongchamps dans le *Nouveau traité des Arbres fruitiers*.

bien couchées et aiguës, soutenues sur des pétioles courts, un peu forts, un peu profondément canaliculés et munis de glandes globuleuses. Feuilles inférieures obovales-elliptiques, se terminant un peu brusquement en une pointe peu longue et bien finement aiguë, presque planes ou même parfois un peu convexes, bordées de dents fines, très-peu profondes et bien finement aiguës.

Stipules assez courtes et peu profondément laciniées.

Boutons à fruit petits, conico-ovoïdes, un peu aigus, nombreux sur le rameau auquel ils sont presque appliqués, soutenus le plus souvent deux à deux sur des supports un peu saillants dont les côtés et l'arête médiane se prolongent très-finement; écailles d'un marron fauve, presque glabres ou à peine duveteuses.

Fleurs très-petites, presque fermées; pétales ovales-elliptiques, concaves, dressés, d'un rose rouge clair; divisions du calice courtes, bien concaves, bien arrondies à leur extrémité et duveteuses; étamines très-saillantes hors de la corolle.

Caractère saillant de l'arbre : teinte générale du feuillage d'un vert herbacé intense et mat; feuilles supérieures bien amples et bien élargies; serrature de toutes les feuilles extraordinairement fine et peu profonde.

Fruit moyen, ovoïde un peu allongé, sensiblement atténué et se terminant en un petit mamelon du côté du point pistillaire, un peu moins atténué et tronqué sur une petite étendue du côté de la cavité de la queue, très-largement convexe un peu comprimé par ses joues, bien convexe par une de ses faces et encore plus convexe par la face opposée partagée en deux parties un peu inégales par un sillon très-étroit et très-peu profond.

Point pistillaire attaché à l'extrémité du sillon qui se prolonge jusque sur le mamelon qui termine le fruit.

Cavité de la queue étroite et peu profonde, un peu ovalaire et étroitement pénétrée par l'entrée du sillon.

Peau fine, mince, se détachant bien de la chair, couverte d'un duvet bien fin, court et soyeux, longtemps d'avance d'un vert très-pâle, blanchâtre, puis passant à la maturité, **milieu de septembre,** au blanc jaunâtre, lavé du côté du soleil d'un rouge assez foncé, traversé par des raies d'un rouge plus intense et qui décroît en marbrures sur les parties moins éclairées.

Chair blanchâtre, striée de pourpre vers le noyau, fine, fondante, abondante en eau sucrée, agréablement parfumée et constituant un fruit de première qualité.

Noyau un peu gros pour le volume du fruit, presque ellipsoïde, à peine tronqué ou presque arrondi à son point d'attache à la queue, se terminant très-brusquement à son autre extrémité en une pointe bien longue et bien fine, à joues bien régulièrement bombées, peu trouées et très-profondément rustiquées, se détachant bien de la chair; suture ventrale à peine saillante, très-étroitement et profondément sillonnée, largement crénelée par ses bords; arête dorsale bien saillante et vivement tranchante par ses lamelles centrales; rainures latérales très étroites et peu profondes.

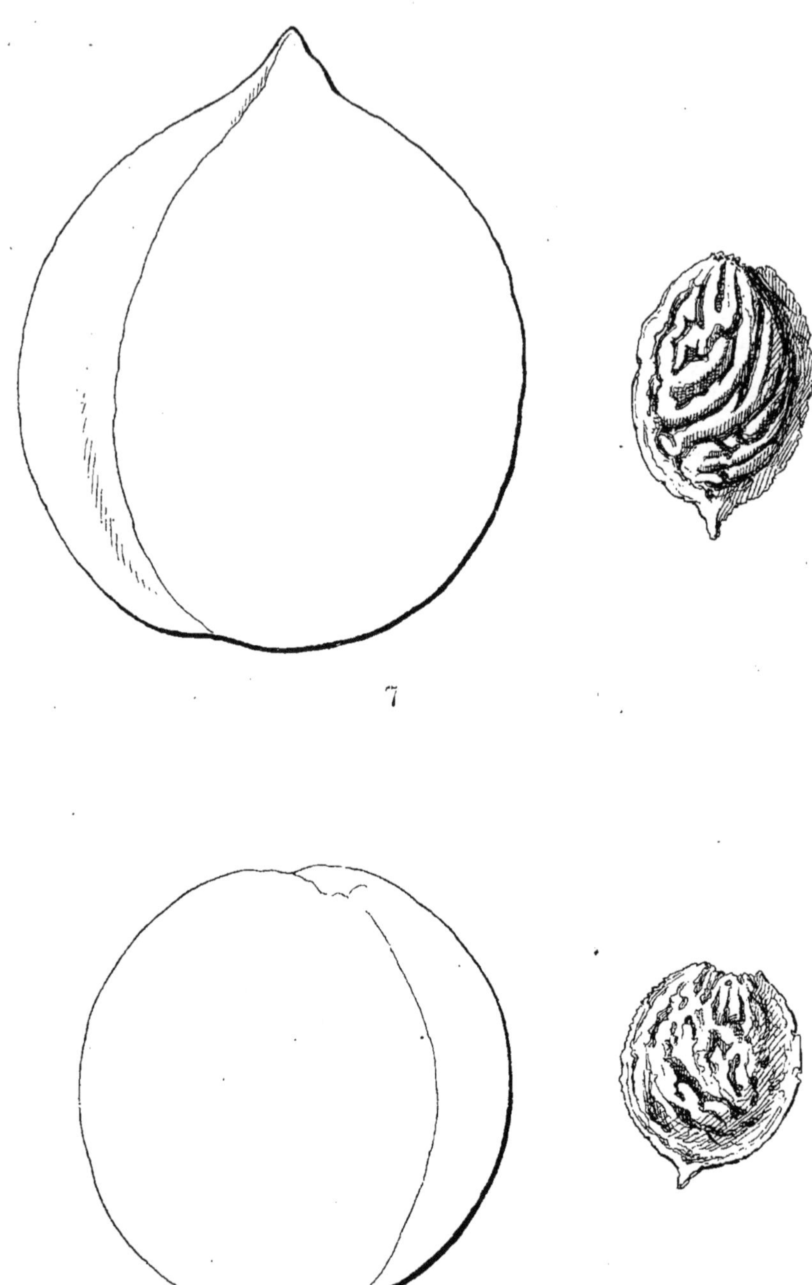

8

7. PETITE BOURDINE. 8. VICTORIA PRÉCOCE.

Peingeon, Del. Imp. Authier et Barbier, Bourg.

VICTORIA PRÉCOCE

(EARLY VICTORIA)

(PÊCHE)

[N° 8]

The Fruit Manual. ROBERT HOGG.
The Fruits and the fruit-trees of America. DOWNING.

OBSERVATIONS. — Cette variété a été obtenue par M. Thomas Rivers, de Sawbridgeworth et d'un noyau de la pêche Early York. — L'arbre est de vigueur moyenne et de conduite facile sous toutes formes. — Variété à multiplier dans le jardin fruitier. Son fruit et son arbre ont de grands rapports avec ceux de la variété dont elle est sortie ; cependant son fruit est d'une maturité un peu plus hâtive et présente un noyau de forme différente. Sa fertilité est bonne, et une exposition chaude est préférable pour assurer la précocité de ses récoltes et par conséquent leur valeur pour la spéculation.

DESCRIPTION.

Rameaux de moyenne force, unis ou presque unis dans leur contour, droits, à entre-nœuds courts ou assez courts, d'un vert clair et un peu jaune du côté de l'ombre, d'un rouge vineux intense du côté du soleil.

Boutons à bois petits, coniques, maigres et bien aigus, à direction peu écartée du rameau ; écailles d'un marron rougeâtre foncé et brillant.

Pousses d'été d'un vert très-clair, lavées d'un rouge clair et vif du côté du soleil.

Feuilles supérieures petites, lancéolées étroites, se terminant régulièrement en une pointe courte et finement aiguë, un peu repliées sur leur nervure médiane, bordées de dents fines, un peu profondes, bien finement et profondément surdentées et bien finement aiguës, soutenues sur des pétioles très-courts, profondément canaliculés et dépourvus de glandes. Feuilles inférieures plus petites, lancéolées-elliptiques, peu sensiblement atténuées vers le pétiole, se terminant régulièrement en une pointe bien finement aiguë, planes, finement et sensiblement ondulées dans leur contour, bordées de dents fines, un peu profondes et finement aiguës.

Stipules très-courtes, fines et à peine ciliées.

Boutons à fruit petits, conico-ovoïdes, aigus, à direction parallèle au rameau dont ils sont souvent bien rapprochés, soutenus le plus souvent deux à deux sur des supports saillants dont les côtés ne se prolongent pas ou d'une manière peu appréciable ; écailles d'un marron rougeâtre brillant et entièrement glabres.

Fleurs grandes, ouvertes ; pétales cordiformes-élargis, repliés en oreillette à leur base, concaves, d'un rose violet peu foncé ; divisions du calice courtes, un peu atténuées, bien obtuses et un peu duveteuses.

Caractère saillant de l'arbre : teinte générale du feuillage d'un vert pré intense, vif et brillant ; feuilles inférieures remarquablement ondulées ; toutes les feuilles plus ou moins petites et garnies d'une serrature bien fine et assez peu profonde.

Fruit au moins moyen, sphérico-ovoïde, se terminant le plus souvent en un petit mamelon du côté du point pistillaire, assez atténué et peu largement tronqué du côté de la cavité de la queue, largement convexe par ses joues, un peu plus convexe par ses faces et surtout par celle qui est traversée par un sillon étroit, peu profond mais bien accusé dont les lèvres sont ordinairement également saillantes, et qui parfois se prolonge sur la face opposée par une dépression un peu creusée.

Point pistillaire attaché à un petit mucron, un peu recourbé sur le trajet du sillon à la dépression qui lui correspond.

Cavité de la queue étroite, peu profonde, étroitement et profondément pénétrée par l'entrée du sillon.

Peau fine, se détachant bien de la chair à la maturité, couverte d'un duvet fin, assez court et soyeux, d'abord d'un vert clair, puis passant à la maturité, **milieu et fin de juillet**, au blanc jaunâtre largement recouvert du côté du soleil d'un rouge brun, décroissant sur les parties moins éclairées en un nuage de rouge plus vif et souvent brusquement interrompu du côté de l'ombre.

Chair d'un blanc verdâtre, bien fine, bien fondante, abondante en eau sucrée, vineuse, relevée d'une saveur finement acidulée et rafraîchissante, constituant un fruit de bonne qualité.

Noyau un peu petit pour le volume du fruit, ovoïde-épais, très largement tronqué à son point d'attache à la queue, se terminant très-brusquement à son autre extrémité en une pointe courte et bien fine, à joues souvent extraordinairement bombées, peu profondément trouées et rustiquées, se détachant de la chair ; suture ventrale très-étroitement sillonnée, un peu crénelée par ses bords ; arête dorsale peu épaisse, un peu saillante vers le point d'attache ; rainures latérales larges et très-profondes.

PAVIE DE BORDEAUX

(BORDEAUX CLING)

(PAVIE)

[N° 9]

The Fruits and the fruit-trees of America. Downing.
The American fruit Culturist. Thomas.

Observations. — Obtenue à New-Bordeaux, district d'Abbeville (Caroline du Sud), d'un noyau apporté de Bordeaux (France). — L'arbre, de bonne vigueur, aussi bien sur prunier que sur amandier, est d'une conduite facile, à condition d'établir promptement sa charpente. — Variété à multiplier dans le jardin fruitier, en lui réservant une exposition chaude nécessaire au bon conditionnement de son fruit. Elle est rustique et réussira très-bien en plein air dans les parties de notre Midi où cette culture est pratiquée sur une assez grande échelle dans les localités les plus favorables. Son fruit est magnifique et peut convenir à la spéculation par sa propriété de bonne résistance au transport.

DESCRIPTION.

Rameaux forts, allongés et fluets à leur partie supérieure, presque unis dans leur contour, droits, à entre-nœuds très-inégaux entre eux, d'un vert clair à l'ombre, colorés de rouge brun du côté du soleil.

Boutons à bois gros, coniques-allongés et aigus, à direction tantôt parallèle au rameau, tantôt écartée ; écailles d'un marron terne.

Pousses d'été d'un vert décidé et très-vif, lavées de rouge sanguin du côté du soleil.

Feuilles supérieures très-grandes, très-allongées, maintenant bien leur largeur, s'atténuant lentement pour se terminer en une pointe bien aiguë, très-peu repliées sur leur nervure médiane, planes ou presque planes, bordées de dents si peu profondes, si bien couchées, qu'elles sont peu appréciables, soutenues sur des pétioles courts, forts, à peine canaliculés et munis de deux ou plusieurs grosses glandes réniformes. Feuilles inférieures plus courtes, obovales-lancéolées et peu élargies, longuement et assez peu sensiblement atténuées vers le pétiole, se terminant peu brusquement en une pointe courte et fine, presque planes et souvent largement ondulées dans leur contour, bordées de dents un peu profondes, couchées et bien aiguës.

Stipules assez longues, bien fines et courtement ciliées.

Boutons à fruit gros, ovo-ellipsoïdes, épais et émoussés, à direction plus ou moins écartée du rameau, réunis le plus souvent deux à deux sur des supports extraordinairement saillants dont les côtés et l'arête médiane se prolongent très-finement; écailles presque entièrement recouvertes d'un duvet blanc et soyeux.

Fleurs grandes, ouvertes; pétales cordiformes bien élargis, plissés en oreillette à leur base, d'un joli rose violet; divisions du calice larges, un peu atténuées, bien obtuses à leur extrémité, bien colorées et bien duveteuses.

Caractère saillant de l'arbre: teinte générale du feuillage d'un vert herbacé intense et un peu brillant seulement sur les plus jeunes feuilles; feuilles des pousses d'été bordées de dents extraordinairement peu profondes; toutes les feuilles amples et courtement acuminées.

Fruit gros ou très-gros, tantôt presque sphérique, tantôt sphérico-ovoïde, se terminant en une demi-sphère du côté du point pistillaire, un peu plus atténué et largement tronqué du côté de la cavité de la queue, assez convexe par ses joues, convexe un peu comprimé par une de ses faces et un peu plus convexe par la face opposée traversée par un sillon étroit et assez profond dont une des lèvres est ordinairement sensiblement plus saillante.

Point pistillaire attaché à un petit mamelon, tantôt saillant sur le sommet du fruit, tantôt enfoncé dans une cavité étroite et profonde formée par le trajet du sillon à la dépression qui lui correspond sur une partie de la hauteur de la face opposée.

Cavité de la queue profonde, étroite dans son fond, évasée par ses bords souvent divisés en des côtes peu prononcées.

Peau un peu épaisse, couverte d'un duvet blanchâtre, long, abondant et un peu hérissé, d'abord d'un vert pâle, puis passant à la maturité, **septembre,** au jaune doré largement lavé et marbré de rouge feu du côté du soleil.

Chair jaune et d'un pourpre des plus intenses autour du noyau, fine, ferme, suffisante en jus bien sucré, acidulé et parfumé, constituant un fruit de bonne qualité entre ceux de sa classe.

Noyau d'un brun rouge foncé, proportionné au volume du fruit, ovoïde-élargi et épais, largement tronqué à son point d'attache à la queue, se terminant un peu brusquement à son autre extrémité en une pointe plus ou moins longue, à joues bien bombées, grossièrement mais peu profondément rustiquées; suture ventrale extraordinairement étroite et peu profonde, crénelée par ses bords; arête dorsale épaisse, un peu saillante, composée de lamelles imparfaitement soudées; rainures latérales étroites et très-peu profondes.

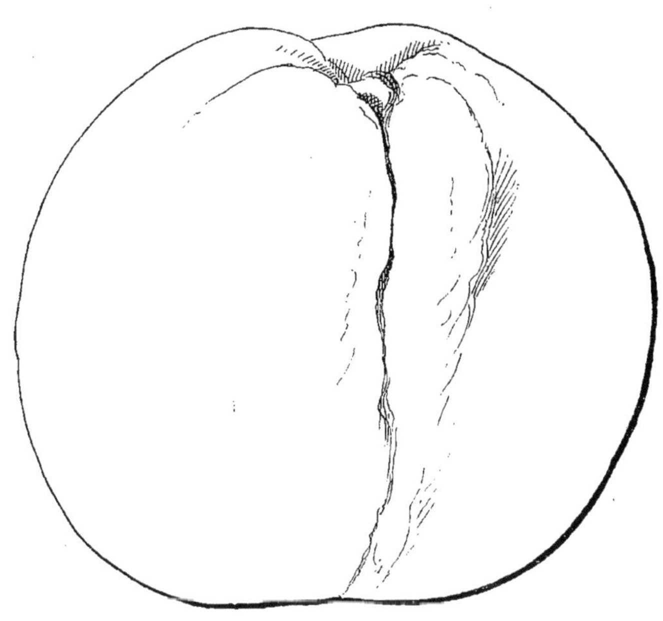

9

9. PAVIE DE BORDEAUX.

eingeon, Del.

Imp. Authier et Barbier. Bourg.

HEMSKIRKE

(PÊCHE)

[N° 10]

A Guide to the Orchard. Lindley.
HEMSKERK. *The Fruit Manual.* Robert Hogg.

Observations. — D'après Lindley, propagée ou peut-être obtenue, quelques années avant 1831, dans le Jardin royal de Kensington. — L'arbre, de vigueur normale sur prunier, est de conduite facile sous toutes formes. — Variété à multiplier dans le jardin fruitier. Sa fertilité est précoce et grande. Une exposition chaude convient pour assurer le mérite de précocité de son fruit réellement excellent entre ceux de sa classe mûrissant à la même époque.

DESCRIPTION.

Rameaux assez peu forts, presque unis dans leur contour, droits, à entre-nœuds courts ou assez courts, d'un vert clair un peu jaune du côté de l'ombre, d'un rouge violet très-intense du côté du soleil.

Boutons à bois petits, coniques, maigres, aigus, à direction parallèle au rameau ; écailles presque noires et bien glabres.

Pousses d'été d'un vert très-clair, à peine ou non lavées de rouge du côté du soleil.

Feuilles supérieures moyennes, lancéolées-elliptiques, peu atténuées vers le pétiole, se terminant régulièrement en une pointe peu longue, à peine ou non repliées sur leur nervure médiane, souvent très-largement ondulées dans leur contour et contournées par leur extrémité, bordées de dents bien fines, peu profondes, très-finement surdentées et très-finement aiguës, soutenues sur des pétioles très-courts, profondément canaliculés et dépourvus de glandes. Feuilles inférieures moins larges, plus atténuées vers le pétiole que les feuilles des pousses d'été, bordées de dents plus larges, plus profondes, bien aiguës et recourbées en dessus, s'atténuant en une pointe plus longue et plus repliées sur leur nervure médiane.

Stipules de moyenne longueur, bien fines et bien finement ciliées.

Boutons à fruit assez petits, ovo-ellipsoïdes, un peu aigus, à direction parallèle au rameau, réunis le plus souvent deux à deux sur des supports très-saillants dont les côtés et l'arête médiane se prolongent très-peu distinctement ; écailles d'un marron peu foncé et presque glabres.

Fleurs grandes, ouvertes ; pétales ovales-arrondis et bien élargis, peu concaves, d'un rose violet clair ; divisions du calice courtes, larges, bien obtuses, bien colorées et recouvertes d'un duvet court, fin et soyeux.

Caractère saillant de l'arbre : teinte générale du feuillage d'un vert pré clair, vif et cependant peu brillant ; serrature des feuilles des productions fruitières formée de dents profondes et remarquablement recourbées en dessus.

Fruit moyen, sphérico-ovoïde, ordinairement un peu plus atténué du côté du point pistillaire, assez convexe par ses joues, bien convexe par une de ses faces traversée par un sillon étroit et prononcé qui se prolonge en une dépression bien creusée sur toute la hauteur de la face opposée et un peu comprimée, de telle manière que le fruit semble comme divisé en deux parties.

Point pistillaire attaché à un petit mucron ou mamelon un peu recourbé sur le trajet du sillon à la dépression qui lui correspond.

Cavité de la queue étroite, profonde et souvent divisée par ses bords en des côtes assez prononcées.

Peau très-fine, très-mince, se détachant bien de la chair, couverte d'un duvet soyeux, court et très-fin, d'abord d'un vert très-clair, puis passant à la maturité, **commencement et milieu d'août,** au blanc jaunâtre, largement recouvert du côté du soleil d'un rouge sanguin intense à son centre, bien vif sur ses bords, décroissant en marbrures ou petites taches caractéristiques sur les parties moins éclairées et souvent brusquement interrompu sur les parties entièrement à l'ombre.

Chair d'un blanc à peine teinté de vert, bien fine, bien fondante, blanche jusque vers le noyau, abondante en jus délicieusement sucré et parfumé, constituant un fruit au moins de première qualité.

Noyau jaunâtre et un peu teinté de rouge dans ses anfractuosités, petit pour le volume du fruit, ovoïde, largement tronqué à son point d'attache à la queue, se terminant brusquement à son autre extrémité en une pointe très-aiguë et souvent un peu recourbée du côté de l'arête dorsale, à joues régulièrement bombées, très-peu profondément trouées et rustiquées ; suture ventrale étroitement et profondément sillonnée, profondément crénelée par ses bords ; arête dorsale peu épaisse, un peu saillante, composée de lamelles distinctes et le plus souvent bien tranchantes ; rainures latérales étroites et profondes.

SEMIS DE STANWICK

(STANWICK'S SEEDLING)

(NECTARINE)

[N° 11]

Revue horticole. 1870. O. THOMAS.

OBSERVATIONS. — Cette variété a été obtenue par M. Rivers, de Sawbridgeworth, d'un noyau de la Nectarine Stanwick et publiée dans son Catalogue déjà en 1863. — L'arbre est de bonne vigueur, facile à plier à toutes formes de grande ou de petite dimension. — Variété bien à multiplier dans le jardin fruitier. Elle est plus vigoureuse, plus rustique que la Nectarine Stanwick et son fruit n'a pas les mêmes défauts. Il est assez tardif pour qu'une exposition chaude soit nécessaire afin de lui assurer toute sa valeur. Fertilité précoce, grande et soutenue.

DESCRIPTION.

Rameaux assez forts, allongés, unis dans leur contour, droits, à entre-nœuds assez longs, d'un beau vert vif et brillant du côté de l'ombre, d'un rouge vineux intense du côté du soleil, offrant des couleurs bien luisantes sur toute leur longueur.

Boutons à bois assez petits, coniques un peu renflés, courts et courtement aigus ; écailles d'un marron clair et peu duveteuses.

Pousses d'été d'un vert vif et lavées de rouge brun du côté du soleil.

Feuilles supérieures très-grandes, lancéolées extraordinairement allongées, s'atténuant en une pointe longue et bien recourbée, repliées sur leur nervure médiane, largement ondulées dans leur contour et froncées sur leur nervure médiane, bordées de dents très-peu profondes et tellement couchées qu'elles paraissent plutôt crénelées que dentées, soutenues sur des pétioles courts, peu forts, un peu profondément canaliculés et munis de deux ou plusieurs grosses glandes réniformes. Feuilles inférieures beaucoup moins grandes, obovales-lancéolées, se terminant peu brusquement en une pointe longue, étroite et souvent bien recourbée, à peine repliées sur leur nervure médiane, bordées de dents peu profondes, bien couchées et peu aiguës.

Stipules courtes et non ciliées.

Boutons à fruit assez gros, conico-ovoïdes, un peu renflés, peu aigus, bien nombreux sur le rameau dont ils s'écartent un peu par leur pointe, réunis presque toujours deux à deux sur des supports très-saillants dont les côtés et l'arête médiane ne se prolongent pas ; écailles d'un marron foncé et en partie recouvertes d'un duvet court et soyeux.

Fleurs très-grandes, ouvertes ; pétales arrondis et munis de deux oreillettes à leur base, peu concaves, d'un rose violet et vif; divisions du calice très-courtes, larges à leur base, très-brusquement atténuées et souvent aiguës à leur extrémité, colorées d'un rouge brun intense et glabres.

Caractère saillant de l'arbre : teinte générale du feuillage d'un vert herbacé intense et brillant ; feuilles supérieures extraordinairement allongées et bien recourbées par leur pointe ; feuilles des boutons à fruit nombreuses et bien développées; feuilles inférieures à moitié moins longues que les supérieures.

Fruit gros, tantôt presque sphérique, tantôt sphérico-ovoïde, tantôt demi-sphérique, parfois un peu déprimé du côté du point pistillaire, à peine un peu plus atténué et un peu tronqué du côté de la cavité de la queue, largement convexe par ses joues, très-largement convexe un peu comprimé par une de ses faces traversée par une dépression large et souvent bien creusée, et plus convexe par la face opposée partagée en deux parties plus ou moins inégales par un sillon étroit et peu profond.

Point pistillaire attaché à un petit mucron plus ou moins saillant, interceptant le trajet du sillon à la dépression qui lui correspond.

Cavité de la queue étroite, peu profonde, bien unie dans ses parois et par ses bords peu profondément pénétrés par l'entrée du sillon.

Peau bien fine, bien mince, lisse, d'abord d'un vert décidé, puis passant à la maturité, **milieu de septembre,** au vert jaunâtre, largement recouvert du côté du soleil d'un rouge brun intense et sablé de petites taches qui ressemblent à des grains dorés.

Chair d'un blanc jaunâtre et colorée d'un pourpre intense vers le noyau, bien fine, fondante, abondante en jus délicieusement sucré et parfumé, constituant un fruit de toute première qualité.

Noyau brun et coloré de rouge sur l'arête, gros pour le volume du fruit, ovoïde-court et bien élargi, largement tronqué à son point d'attache à la queue, se terminant brusquement à son autre extrémité en une pointe un peu longue et bien fine, à joues assez peu bombées, largement et profondément rustiquées, se détachant bien de la chair ; suture ventrale bien saillante, très-étroitement et peu profondément sillonnée, obscurément crénelée par ses bords ; arête dorsale épaisse, peu saillante, composée de lamelles imparfaitement soudées ; rainures latérales étroites et profondes.

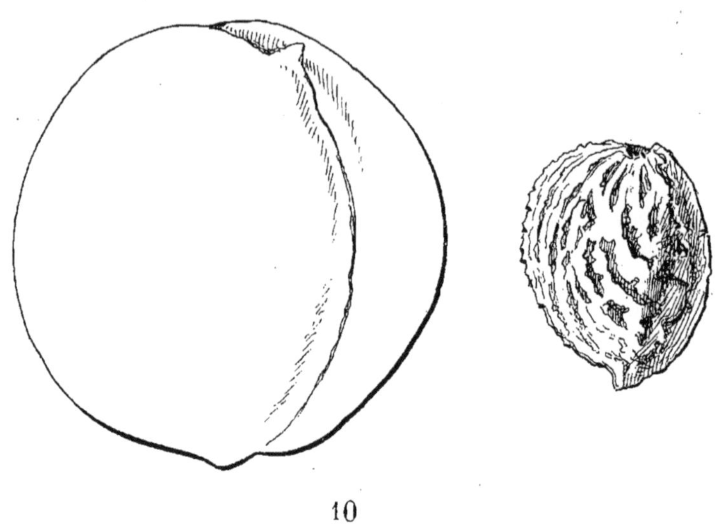

10

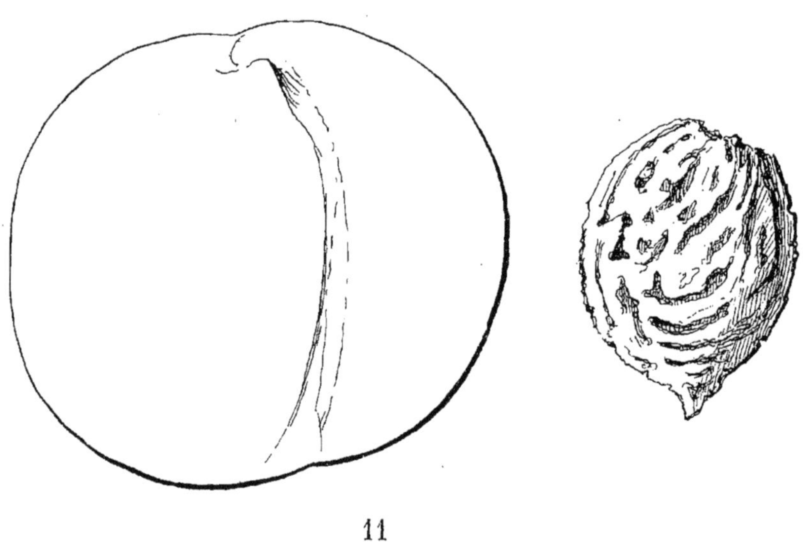

11

10. HEMSKIRKE. 11. SEMIS DE STANWICK.

on, Del. Imp. Authier et Barbier, Bourg.

VERTE DE BEAULIEU

(PÊCHE)

[N° 12]

Catalogue JAMIN et DURAND.

OBSERVATIONS. — Propagée par M. Dumas, jardinier en chef de la Ferme-École de Bazin, près Lectoure (Gers), et peut-être obtenue par lui. — L'arbre, de bonne vigueur aussi bien sur prunier que sur amandier, est propre aux grandes formes à établir promptement, afin de lui assurer une fructification plus précoce que sa végétation vive dans sa jeunesse ferait attendre trop longtemps. Variété à introduire dans le jardin fruitier. Sa fertilité est bonne, et surtout à une exposition chaude nécessaire au bon conditionnement de son fruit.

DESCRIPTION.

Rameaux forts, allongés, anguleux dans leur contour, droits, à entre-nœuds longs, d'un vert pâle et terne du côté de l'ombre, lavés de rouge rosat du côté du soleil.

Boutons à bois moyens, courts, épais, peu aigus, appliqués au rameau; écailles d'un marron très-foncé et brillant.

Pousses d'été d'un vert vif et à peine lavées de rouge du côté du soleil.

Feuilles supérieures moyennes, lancéolées bien élargies et s'atténuant peu pour se terminer en une pointe finement aiguë, peu repliées sur leur nervure médiane ou presque planes, paraissant à peine crénelées tellement leurs dents sont couchées et peu profondes, soutenues sur des pétioles très-courts, peu forts, peu profondément canaliculés et munis de plusieurs glandes réniformes. Feuilles inférieures bien petites, ovales-lancéolées, étroites, s'atténuant régulièrement en une pointe peu longue, étroite et aiguë, bordées de dents bien larges et si peu profondes que souvent elles sont peu appréciables.

Stipules de moyenne longueur et finement laciniées.

Boutons à fruit moyens, ovo-ellipsoïdes, courtement aigus, à direction un peu écartée du rameau, soutenus le plus souvent deux à deux sur des supports saillants dont les côtés et l'arête médiane se prolongent distinctement ; écailles d'un marron foncé et glabres.

Fleurs moyennes, un peu ouvertes ; pétales arrondis, bien concaves, dressés, d'un rose rouge assez vif, dépassant de beaucoup les divisions du calice très-larges, largement obtuses, bien colorées et bien duveteuses ; étamines incluses.

Caractère saillant de l'arbre : teinte générale du feuillage d'un vert pré intense et peu brillant ; serrature de toutes les feuilles formée de dents extraordinairement peu profondes.

Fruit gros ou assez gros, sphérico-ovoïde, un peu plus atténué et se terminant en une demi-sphère surmontée d'un mamelon du côté du point pistillaire, un peu moins atténué et assez largement tronqué du côté de la cavité de la queue, bien convexe par ses joues, largement convexe par une de ses faces et également convexe par la face opposée partagée en deux parties ordinairement égales par un sillon très-étroit et très-peu profond.

Point pistillaire attaché au mamelon plus ou moins saillant qui surmonte le fruit.

Cavité de la queue peu profonde, un peu évasée, profondément pénétrée dans ses bords par le trajet du sillon.

Peau fine, mince, couverte d'un duvet épais, cotonneux et se roulant sous les doigts, d'abord d'un vert assez décidé, puis passant à la maturité, **milieu de septembre,** au vert blanchâtre lavé de rouge sanguin du côté du soleil, et ce rouge est rayé ou taché de rouge plus foncé.

Chair d'un blanc un peu verdâtre, assez fine, fondante, abondante en eau sucrée et parfumée, constituant un fruit de bonne qualité.

Noyau proportionné au volume du fruit, ovoïde un peu court et épais, largement tronqué à son point d'attache à la queue, se terminant très-brusquement à son autre extrémité en une pointe un peu longue et tranchante, à joues bien bombées, profondément trouées et rustiquées, se détachant de la chair ; suture ventrale saillante, très-étroitement et peu profondément sillonnée, très-largement et peu profondément crénelée par ses bords ; arête dorsale peu épaisse, bien saillante et bien tranchante par ses deux lamelles centrales ; rainures latérales larges et profondes.

COIGNEAU

(PÊCHE)

[N° 13]

Catalogue André Leroy.

Observations. — D'après M. André Leroy, cette variété est d'origine américaine. — L'arbre est d'une végétation bien contenue sur prunier et auquel ce sujet convient cependant le plus souvent, afin d'assurer une plus grande précocité à son fruit. Taille courte de la branche fruitière disposée à se surcharger. Forme de fuseau oblique facile à établir et à maintenir. — Variété à introduire dans le jardin fruitier. Elle est d'une fertilité précoce et très-grande. Si son fruit n'atteint pas la première qualité, il est de la plus jolie apparence, et il est un des premiers, entre les Pêches à chair jaune, mûrissant à la même époque.

DESCRIPTION.

Rameaux peu forts, unis dans leur contour, à entre-nœuds courts, d'un jaune verdâtre à l'ombre, colorés d'un rouge vif au soleil.

Boutons à bois petits, coniques, aigus; écailles d'un marron très-foncé.

Pousses d'été grêles, d'un vert jaune à l'ombre et lavées de rouge feu du côté du soleil.

Feuilles supérieures moyennes ou petites, ovales-allongées, s'atténuant assez promptement pour se terminer régulièrement en une pointe très-finement aiguë, peu repliées sur leur nervure médiane et un peu arquées, bordées de dents fines, très-peu profondes, bien couchées et souvent aiguës, soutenues sur des pétioles extraordinairement courts, peu forts et munis de deux ou plusieurs grosses glandes réniformes. Feuilles inférieures petites, sensiblement obovales, se terminant brusquement en une pointe courte, un peu concaves ou un peu repliées sur leur nervure médiane, bordées de dents extraordinairement peu profondes, couchées et aiguës.

Stipules courtes et fines.

Boutons à fruit moyens, ovoïdes, maigres, un peu allongés et un peu aigus, à direction bien rapprochée du rameau, soutenus sur des supports assez peu saillants dont les côtés et l'arête médiane ne se prolongent pas; écailles d'un marron très-foncé et presque glabres.

Fleurs petites, peu ouvertes; pétales bien élargis, concaves, dressés, d'un rose rouge pâle; calice à tube très-court, très-élargi, à divisions atténuées, cependant obtuses à leur extrémité, un peu duveteuses; étamines saillantes hors de la corolle.

Caractère saillant de l'arbre : feuilles d'un vert jaune et terne et traversées par une nervure médiane d'un jaune apparent; rameaux bien colorés; branchage et feuillage menus.

Fruit moyen ou assez gros, presque sphérique, un peu tronqué du côté du point pistillaire et du côté de la cavité de la queue, à joues largement convexes, un peu plus convexe par ses faces dont l'une est partagée en deux parties égales par un sillon étroit et prononcé, et l'autre est traversée sur sa hauteur par une sorte de côte un peu saillante.

Point pistillaire un peu saillant dans un pli formé par l'extrémité du sillon.

Cavité de la queue étroite, un peu profonde et profondément pénétrée dans ses bords par l'entrée du sillon.

Peau bien fine, se détachant de la chair, couverte d'un duvet très-court et très-fin, d'abord d'un vert un peu jaune, puis passant à la maturité, **commencement et milieu d'août,** au jaune clair et vif largement recouvert du côté du soleil d'un rouge feu qui décroît en marbrures sur les parties moins éclairées.

Chair jaune et colorée de pourpre autour du noyau, assez fine, fondante, suffisante en eau sucrée, acidulée, légèrement parfumée, constituant un fruit d'assez bonne qualité.

Noyau brun, un peu petit pour le volume du fruit, régulièrement ovoïde, un peu tronqué à son point d'attache à la queue, se terminant presque régulièrement à son autre extrémité en une pointe courte et bien aiguë, à joues régulières et peu bombées, grossièrement trouées et rustiquées, se détachant parfaitement de la chair au milieu de laquelle le noyau est même un peu libre; suture ventrale peu saillante, très-étroitement sillonnée, largement et assez profondément crénelée par ses bords; arête dorsale peu épaisse, peu saillante, un peu tranchante vers le point d'attache, composée de lamelles exactement soudées entre elles; rainures latérales larges et profondes.

DU QUESNOY

(PÊCHE)

[N° 14]

Catalogue Bivort. 1851-1852.
Catalogue Papeleu, de Wetteren.

Observations. — Cette variété est probablement d'origine belge. — L'arbre, d'une vigueur modérée aussi bien sur amandier que sur prunier, peut s'accommoder de toute exposition; la maturité de son fruit étant assez hâtive, il n'exige pas une grande somme de chaleur pour acquérir toute sa perfection. Taille courte de la branche fruitière disposée à se surcharger. — Variété bien à multiplier dans le jardin fruitier et peut-être dans le verger. Elle appartient à la famille des Mignonnes. Son fruit présente de grands rapports dans sa forme, sa couleur et son époque de maturité avec la Grosse Mignonne, mais son arbre est un peu différent; une maturité plus précoce et une qualité au moins égale sont des raisons suffisantes pour ne pas la confondre avec elle, et la signaler aux arboriculteurs par la description suivante.

DESCRIPTION.

Rameaux peu forts, très-finement anguleux dans leur contour, à entre-nœuds courts, d'un vert pâle à l'ombre et colorés d'un rouge sanguin intense du côté du soleil.

Boutons à bois petits, coniques, maigres et aigus, appliqués au rameau; écailles d'un marron foncé et glabres.

Pousses d'été grêles, d'un vert vif à l'ombre, à peine lavées de rouge vineux du côté du soleil.

Feuilles supérieures moyennes ou petites, lancéolées-étroites, s'atténuant en une pointe longue et étroite, bien repliées sur leur nervure médiane et bien arquées, bordées de dents extraordinairement peu profondes, bien couchées et émoussées, soutenues sur des pétioles très-courts, très-grêles, munis de deux petites glandes globuleuses. Feuilles inférieures petites, obovales-lancéolées, se terminant peu brusquement en une pointe peu longue, à peine repliées sur leur nervure médiane, bordées de dents fines, extraordinairement peu profondes et aiguës.

Stipules courtes et fines.

Boutons à fruit petits, ovoïdes, aigus, à direction rapprochée du rameau, soutenus presque toujours deux à deux sur des supports saillants dont les côtés et l'arête médiane se prolongent très-finement; écailles extérieures d'un marron rougeâtre très-foncé et glabres; écailles intérieures peu soyeuses.

Fleurs grandes, ouvertes; pétales cordiformes, peu concaves, d'un joli rose violacé un peu vif; calice en godet un peu élargi, à divisions larges à leur base, brusquement atténuées et aiguës à leur extrémité, bien colorées et peu duveteuses.

Caractère saillant de l'arbre : teinte générale du feuillage d'un vert herbacé peu foncé; serrature de toutes les feuilles extraordinairement peu profonde.

Fruit gros, sphérique, déprimé à ses deux pôles, à joues bien convexes, presque également convexe par ses faces dont l'une est partagée en deux parties à peu près égales par un sillon peu prononcé, et l'autre est à peine comprimée.

Point pistillaire attaché au fond d'une cavité peu profonde et évasée, formée par l'extrémité du sillon.

Cavité de la queue en entonnoir large et profond, peu profondément pénétrée dans ses bords par l'entrée du sillon.

Peau fine, se détachant de la chair, couverte d'un duvet roussâtre, un peu long et se roulant sous les doigts, d'abord d'un vert assez vif, puis passant à la maturité, **milieu d'août,** au blanc un peu verdâtre, recouvert d'un pourpre brun intense sur les parties les plus directement exposées et souvent brusquement interrompu du côté de l'ombre.

Chair blanche, transparente, teintée de pourpre vers le noyau, bien fondante, ruisselante en eau sucrée et délicieusement parfumée, constituant un fruit de toute première qualité.

Noyau d'un brun foncé, coloré de pourpre vif sur l'arête et la suture, petit pour le volume du fruit, ovo-ellipsoïde, largement tronqué à son point d'attache à la queue, se terminant un peu brusquement à son autre extrémité en une pointe très-courte et aiguë, à joues régulièrement bombées, finement et peu profondément trouées et rustiquées, retenant à peine quelques filets de la chair; suture ventrale bien saillante, très-étroitement et peu profondément sillonnée, peu profondément crénelée par ses bords; arête dorsale peu saillante, peu épaisse, tranchante par ses deux lamelles centrales exactement soudées; rainures latérales étroites et profondes.

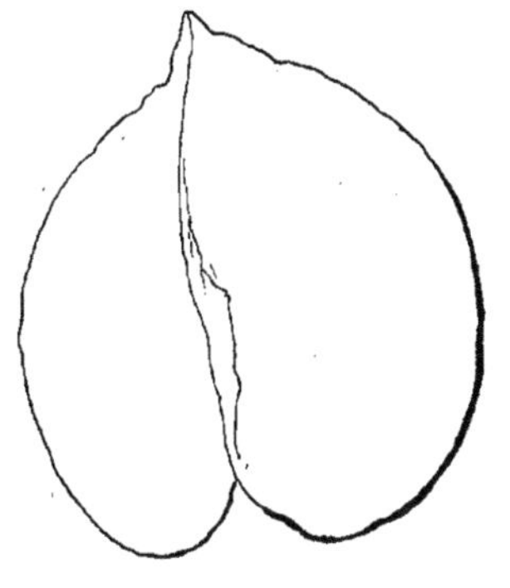

15

15. AVANT-PRÉCOCE.

Paingeon, Del. — bier

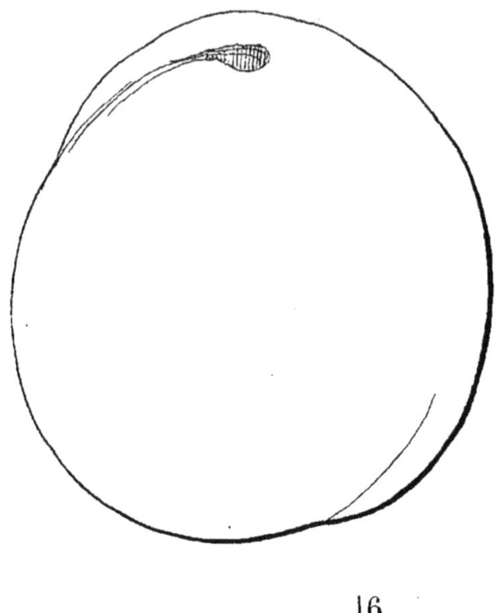

16

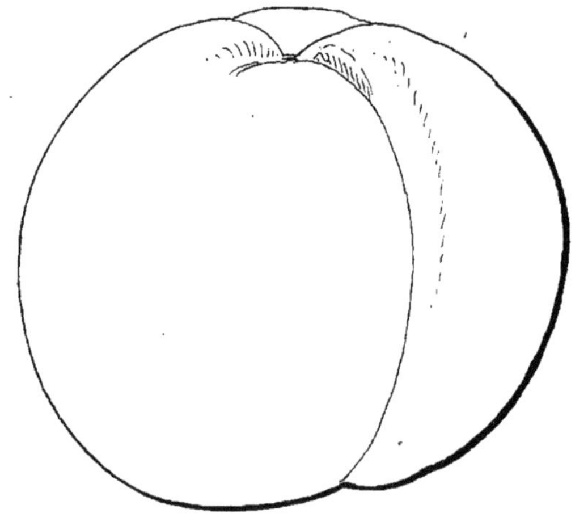

17

16. JAUNE DE BERTHOLON. 17. VINEUSE DE FROMENTIN.

Peingeon. Del. Imp. Authier et Barbier. Bourg.

AVANT-PRÉCOCE

(PAVIE)

[N° 15]

INÉDITE.

OBSERVATIONS. — Arbre d'une grande vigueur et cependant d'une fertilité précoce, lors même qu'il est soumis à la taille. Il est assez rustique pour être élevé en haute tige partout où la culture du Pêcher en plein air est profitable ; cependant, dans les contrées du Centre de la France, il est plus avantageux de lui réserver une place à l'espalier en plein midi. Son fruit y conserve mieux son mérite de précocité et peut y acquérir la saveur que les Pêches de sa classe n'obtiennent que sous le climat du Midi. Dans sa première jeunesse, sa taille peut être combinée de manière à conserver un grand nombre de fruits ; la richesse de sa sève suffit à tous, sans que leur volume ou leur qualité en éprouve le moindre dommage. — Variété à multiplier dans le jardin fruitier et dans le verger. Il existe sans doute, dans nos départements méridionaux, bien d'autres variétés appartenant à cette classe et dont nous voyons arriver les fruits sur nos marchés du Centre et du Nord dès le milieu de juillet. Il est probable que leurs arbres présentent souvent des caractères de glandes et de fleurs différents de ceux de la variété que nous allons décrire. Nous l'avons préférée à beaucoup d'autres dont nous avons pu déguster les fruits et nous pouvons garantir sa bonne végétation et sa fertilité.

DESCRIPTION.

Rameaux extraordinairement forts et allongés, d'un vert très-clair un peu jaune du côté de l'ombre, d'un rouge vineux intense et uniforme du côté du soleil.

Boutons à bois gros, coniques, un peu aigus, à direction écartée du rameau, soutenus sur des supports bien saillants et dont les côtés se prolongent sensiblement, mais non sur une grande longueur; écailles d'un marron clair et peu duveteuses.

Pousses d'été bien fortes et colorées d'un rouge sanguin foncé.

Feuilles supérieures ovales-lancéolées et élargies, s'atténuant lentement pour se terminer en une pointe longue, un peu repliées sur leur nervure médiane, bordées de dents peu profondes et bien obtuses, soutenues sur des pétioles longs, forts, munis de plusieurs grosses glandes réniformes, toujours au moins au nombre de deux. Feuilles inférieures encore plus élargies, se terminant un peu brusquement en une pointe longue, exactement planes et bordées de dents fines, peu profondes et obtuses.

Stipules de moyenne longueur, tantôt laciniées, tantôt courtement ciliées.

Boutons à fruit assez gros, courts, ellipsoïdes, très-obtus; écailles d'un rouge clair et vif, peu duveteuses.

Fleurs presque moyennes, peu ouvertes; pétales courts, ovales-arrondis, bien dressés, bien concaves, d'un rouge foncé; calice à tube bien élargi, à divisions bien atténuées à leur sommet, un peu aiguës et bien duveteuses.

Caractère saillant de l'arbre : feuillage bien ample ; feuilles inférieures ordinairement bien planes ; aspect général d'une grande vigueur.

Fruit petit ou presque moyen, sphérico-ovoïde ou presque sphérique, se terminant souvent en un petit mamelon ou simplement surmonté d'un petit mucron recourbé, à joues tantôt plus, tantôt moins convexes, à peine comprimé par ses faces dont l'une est ordinairement partagée en deux parties très-inégales par un sillon étroit et profond, tandis que l'autre, largement convexe un peu aplatie, est parcourue sur sa hauteur par une dépression qui se creuse d'une manière un peu prononcée seulement à son entrée dans la cavité de la queue et à son approche du mucron qui supporte le point pistillaire.

Peau ferme, un peu épaisse, exhalant à la maturité un parfum enivrant, souvent plutôt velue que duveteuse, d'abord d'un vert jaunâtre, puis passant à la maturité, **fin de juillet,** au blanc jaunâtre, presque entièrement ou entièrement recouvert d'un pourpre intense, traversé par des raies d'un pourpre encore plus foncé et souvent voilé par de longs poils serrés et un peu roussâtres.

Point pistillaire attaché à un petit mamelon ou parfois à une longue partie persistante du style.

Cavité de la queue étroite, un peu profonde, profondément pénétrée par le trajet du sillon à la dépression qui lui correspond et un peu irrégulière par ses bords.

Chair blanche, un peu teintée de rouge vers le noyau, bien fine, serrée, ferme, abondante en eau sucrée, rafraîchissante, agréablement parfumée, constituant un fruit de bonne qualité entre ceux de sa classe.

Noyau petit, obovoïde, bien atténué et presque aigu à son point d'attache à la queue, se terminant à son autre extrémité en une pointe nulle ou très-obtuse, à joues bien bombées surtout du côté de la pointe, finement et peu profondément rustiquées, adhérant entièrement à la chair ; suture ventrale étroitement et profondément sillonnée ; arête dorsale non saillante, même souvent repoussée dans l'épaisseur du noyau, composée de lamelles presque exactement soudées entre elles, peu distinctes ; rainures latérales étroites et peu profondes.

JAUNE DE BERTHOLON

(PÊCHE)

[N° 16]

Catalogue Bonamy frères, de Toulouse. 1869.

Observations. — MM. Bonamy, pépiniéristes à Toulouse, ont reçu cette variété, il y a une quinzaine d'années, de M. Laujoulet, professeur d'arboriculture, qui la tenait lui-même de M. Braud, ancien négociant à Toulouse.

DESCRIPTION.

Rameaux assez forts et un peu anguleux dans leur contour, à entrenœuds longs, d'un vert un peu jaunâtre à l'ombre, colorés du côté du soleil d'un rouge brun intense, semés vers leur base de petites lenticelles d'un jaune doré.

Boutons à bois très-petits, très-courts, peu aigus, appliqués au rameau et soutenus sur des supports saillants dont les côtés se prolongent sensiblement; écailles lisses, d'un marron foncé et brillant.

Pousses d'été de moyenne force, bien vertes du côté de l'ombre, colorées d'un rouge sanguin intense du côté du soleil.

Feuilles supérieures grandes, ovales-lancéolées bien allongées, s'atténuant régulièrement en une pointe très-finement aiguë, peu repliées et un peu arquées par leur extrémité, très-finement froncées sur leur nervure médiane, largement crénelées plutôt que dentées, soutenues sur des pétioles un peu longs, forts et munis de deux ou plusieurs grosses glandes réniformes. Feuilles inférieures plus courtes, plus élargies, ovales-elliptiques ou un peu obovales, planes ou un peu convexes, très-largement dentées plutôt que crénelées.

Stipules longues, bien fines et peu laciniées.

Boutons à fruit moyens, conico-ovoïdes, peu aigus, à direction très-écartée du rameau, peu nombreux, tantôt solitaires, tantôt réunis deux à deux sur le même support; écailles lisses, d'un marron un peu noir et un peu terne.

Fleurs grandes, ouvertes; pétales cordiformes-élargis, plissés en oreillette à leur base, d'un beau rose violacé, peu concaves; calice en godet très-court et bien évasé, à divisions élargies à leur base, s'atténuant sensiblement et cependant obtuses à leur extrémité, bien colorées et bien duveteuses par leurs bords.

Caractère saillant de l'arbre : teinte générale du feuillage d'un vert herbacé intense; nervure médiane des feuilles bien jaune; rameaux bien colorés.

Fruit moyen, irrégulièrement sphérico-ovoïde, à peu près également atténué, soit du côté du point pistillaire, soit du côté de la cavité de la queue, à joues bien convexes, partagé sur une de ses faces en deux parties très-inégales par un sillon étroit et peu profond dont une des lèvres est très-sensiblement plus saillante que l'autre, largement convexe par la face opposée, souvent surmonté d'un petit mamelon.

Point pistillaire attaché tantôt à un petit mamelon, tantôt terminant le sillon au sommet du fruit.

Cavité de la queue très-étroite et très-peu profonde, ordinairement régulière dans ses parois.

Peau très-fine, très-mince, très-tendre, tellement qu'il est difficile de la détacher de la chair, couverte d'un duvet fin, long et soyeux, d'abord d'un vert clair, jaunâtre, puis passant à la maturité, **fin d'août,** au jaune doré recouvert du côté du soleil d'un pourpre feu, traversé par des raies de couleur plus foncée et qui s'étend en petites taches sur les parties moins éclairées et voile très-légèrement les parties entièrement à l'ombre d'un nuage qui leur donne une apparence d'un jaune saumoné.

Chair d'un jaune vif, teinte d'un pourpre vineux autour du noyau, fine, tendre, fondante, suffisante en eau bien sucrée, bien relevée, abricotée, constituant une des meilleures Pêches à chair jaune.

Noyau gros pour le volume du fruit, ovoïde-élargi, à peine tronqué et un peu obliquement à son point d'attache à la queue, se terminant brusquement du côté opposé en une pointe un peu longue, fine et aiguë, à joues bien convexes, peu profondément trouées et finement rustiquées, se détachant bien de la chair ; suture ventrale saillante, très-étroitement et très-profondément sillonnée, largement et profondément crénelée par ses bords; arête dorsale saillante seulement par ses lamelles centrales fines et bien soudées ; rainures latérales étroites et profondes.

VINEUSE DE FROMENTIN

[N° 17]

Catalogue des Chartreux. 1775.
POURPRÉE HATIVE VINEUSE. *Traité des Arbres fruitiers*. DUHAMEL.

OBSERVATIONS. — J'ai reçu cette variété sous le nom de Vineuse de Fromentin et sous celui de Pourprée hâtive, et après plusieurs années d'étude je la tiens pour différente de la Mignonne tardive précédemment décrite dans le *Verger* au n° 38, et qui diffère aussi, comme je l'ai dit depuis, de la Belle Bausse en donnant la description de cette dernière. Le fruit de la Vineuse de Fromentin est constamment plus précoce de quinze jours ou trois semaines, et de forme plus déprimée que la Mignonne tardive, et elle se rapporte mieux à la description de la Mignonne tardive de M. de Mortillet, qui dès lors serait différente de notre pêche de même nom décrite précédemment. La description et la figure données par Duhamel se rapportent parfaitement à notre fruit, que nous avons en effet reçu une fois sous le nom de Pourprée hâtive. Duhamel fait bien remarquer que cette variété, malgré son nom, ne peut être rangée dans la classe des Pourprées, mais dans celle des Mignonnes. — L'arbre, d'une végétation contenue sur prunier, à peine un peu plus vive sur amandier, est facile à conduire sous toutes formes. Taille courte nécessaire au remplacement. Sa fertilité est très-grande, bien répartie, soutenue.

DESCRIPTION.

Rameaux grêles, bien fluets à leur sommet, droits, à entre-nœuds, très-inégaux entre eux, tantôt très-longs, tantôt très-courts, d'un vert assez vif et à peine teinté de jaune du côté de l'ombre, d'un rouge violacé intense du côté du soleil.

Boutons à bois petits, coniques, un peu allongés, finement aigus, appliqués ou presque appliqués au rameau ; écailles d'un marron peu foncé et un peu brillant.

Pousses d'été très-fluettes, d'un vert clair et vif, lavées de rouge du côté du soleil.

Feuilles supérieures moyennes, lancéolées, peu élargies, s'atténuant régulièrement en une pointe longue, bien étroite et finement aiguë, presque planes et souvent froncées sur leur nervure médiane, bordées de dents fines, peu profondes, bien couchées et aiguës, soutenues sur des pétioles très-courts, très-grêles, peu profondément canaliculés et munis de deux très-petites glandes globuleuses pédicellées. Feuilles inférieures petites, lancéolées-elliptiques, très-courtement et très-peu sensiblement atténuées vers le pétiole, se terminant peu brusquement en une pointe un peu longue, très-étroite et finement aiguë, bordées de dents fines, un peu profondes et bien aiguës.

Stipules courtes et extraordinairement fines.

Boutons à fruit assez gros, ovo-ellipsoïdes, émoussés, souvent solitaires sur des supports saillants dont les côtés se prolongent très-finement ou même d'une manière peu appréciable ; écailles extérieures d'un marron clair et brillant ; écailles intérieures couvertes d'un très-court duvet.

Fleurs grandes, ouvertes ; pétales arrondis-élargis, peu concaves, d'un joli rose violacé vif ; divisions du calice assez courtes, atténuées et presque aiguës, très-colorées et à peine duveteuses.

Caractère saillant de l'arbre : teinte générale du feuillage d'un vert herbacé intense et un peu mat ou peu brillant ; toutes les feuilles plus ou moins petites, longuement et très-finement acuminées ; bois grêle.

Fruit moyen, sphérique bien déprimé à ses deux pôles, largement tronqué du côté du point pistillaire et un peu plus largement du côté de la queue, largement convexe par ses joues, également convexe par une de ses faces, et un peu plus convexe par la face opposée partagée en deux parties peu inégales par un sillon qui n'est sensiblement creusé qu'à son entrée dans la cavité du point pistillaire et dans celle de la queue.

Point pistillaire attaché dans un creux étroit et profond dont les bords sont partagés comme en croix par le sillon et par un pli qui coupe le sillon perpendiculairement.

Cavité de la queue profonde, évasée et profondément pénétrée par l'entrée du sillon.

Peau très-fine, très-mince, couverte d'un duvet très-fin et un peu roux, se détachant parfaitement de la chair, d'abord d'un vert très-clair, puis passant à la maturité, **fin d'août,** au blanc terne à peine teinté de jaune et largement recouvert du côté du soleil d'un rouge bien intense à son centre et décroissant sur les parties moins éclairées en un pointillé extraordinairement fin.

Chair blanche et teintée de pourpre près du noyau, fine, parfaitement fondante, ruisselante en eau sucrée et agréablement parfumée, constituant un fruit de première qualité.

Noyau proportionné au volume du fruit, ovo-ellipsoïde, court et épais, très-largement tronqué à son point d'attache à la queue, se terminant un peu brusquement à son autre extrémité en une pointe très-courte et aiguë, à joues bien bombées, profondément trouées et rustiquées, se détachant parfaitement de la chair; suture ventrale saillante, étroitement et très-profondément sillonnée, obscurément crénelée par ses bords ; arête dorsale peu épaisse, un peu saillante, composée de lamelles presque exactement soudées ; rainures latérales étroites et bien creusées.

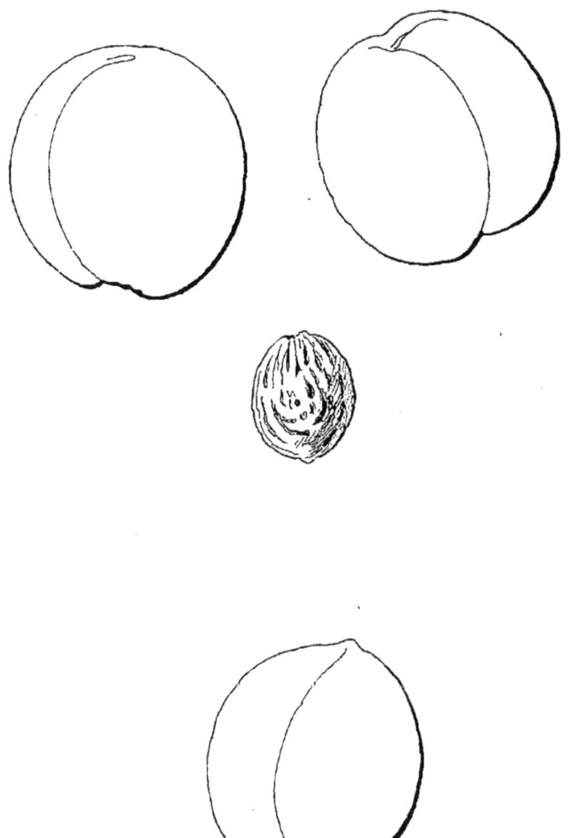

18

18. AVANT-PÊCHE ROUGE.

Peingeon, Del.

Imp. Authier et Barbier. Bour

AVANT-PÊCHE ROUGE

[N° 18]

Pomona Franconica.
AVANT-PÊCHE ROUGE POURPRÉE. *Les Meilleurs Fruits.* DE MORTILLET.
AVANT-PESCHE ROUGE. AVANT-PESCHE DE TROYES. *Traité des Arbres fruitiers.* DUHAMEL.
Catalogue des Chartreux. 1775.

OBSERVATIONS. — La pêche Thuret de M. Decaisne nous semble n'être qu'une reproduction de cette variété.

DESCRIPTION.

Rameaux peu forts, peu allongés, à entre-nœuds courts, d'un vert clair et pâle à l'ombre, d'un rouge sanguin foncé et uniforme du côté du soleil.

Boutons à bois petits, courts, épatés, peu aigus, presque appliqués au rameau, soutenus sur des supports un peu saillants, étroits et dont les côtés se prolongent finement; écailles d'un rougeâtre foncé et lisses.

Pousses d'été fluettes, bien colorées.

Feuilles supérieures lancéolées-étroites et allongées, s'atténuant en une pointe longue, étroite et souvent contournée, bordées de dents très-fines, peu repliées, remarquablement couchées, recourbées et aiguës; pétioles peu forts, munis de deux ou plusieurs assez grosses glandes réniformes. Feuilles inférieures lancéolées-elliptiques, se terminant en une pointe moins allongée, presque planes, bordées de dents écartées, peu profondes et aiguës, soutenues sur des pétioles très-courts, très-grêles et souvent dépourvus de glandes.

Stipules courtes, bien fines, munies de cils courts.

Boutons à fruit petits, ellipsoïdes, obtus; écailles intérieures d'un rouge vif et brillant; les extérieures d'un brun rougeâtre clair; toutes peu duveteuses.

Fleurs petites; pétales presque elliptiques, bien concaves, dressés, d'un rose rouge assez vif; calice à tube court, en godet, à divisions courtes, sensiblement atténuées à leur extrémité qui se termine souvent en une pointe courte, sensiblement duveteuses et assez colorées.

Caractère saillant de l'arbre: teinte générale du feuillage d'un vert vif; branchage et feuillage menus; différence d'ampleur entre les feuilles supérieures et les feuilles inférieures.

Fruit petit, à peu près sphérique, un peu comprimé à ses deux pôles, atteignant sa plus grande épaisseur à peu près au milieu de sa hauteur; au-dessus et au-dessous de ce point, s'arrondissant par des courbes presque également convexes, s'il n'était pas un peu plus atténué du côté du point pistillaire que du côté de la cavité de la queue; ses joues sont bien bombées, le sillon peu profond d'un côté le partage le plus souvent en deux parties un peu inégales et se continue du côté opposé par une légère élévation.

Point pistillaire tantôt placé dans un petit creux, tantôt saillant sur un petit mamelon.

Cavité de la queue assez large, un peu profonde et bien évasée.

Peau fine, mince, finement duveteuse, d'abord d'un vert clair, passant à la maturité, **fin de juillet,** au vert blanchâtre lavé d'un joli rouge vif que l'on aperçoit à travers un léger duvet gris et qui se termine en un pointillé très-fin, plus foncé sur les parties voisines de l'ombre.

Chair blanche jusqu'au noyau, bien fine, bien fondante, se détachant entièrement du noyau, abondante en eau sucrée, plus vineuse et plus relevée que celle de la Double de Troyes, constituant un fruit de bonne qualité.

Noyau un peu gros pour le volume du fruit, ovoïde un peu élargi, à joues peu bombées, très-finement trouées et rustiquées, plus finement peut-être que dans aucune variété de Pêche, à pointe presque nulle; suture ventrale saillante et profondément sillonnée; arête dorsale peu saillante, présentant cependant une petite lame tranchante qui dépasse très-peu les petites lamelles dont elle est composée; rainures latérales très-étroites.

DOUBLE JAUNE

[N° 19]

Observations.— D'après MM. Bonamy, pépiniéristes à Toulouse, cette variété est probablement originaire des environs de Montauban où elle est très-répandue et très-estimée. — L'arbre, d'une grande vigueur aussi bien sur prunier que sur amandier, est propre aux grandes formes à établir promptement, sinon sa fructification se fait attendre trop longtemps. Beau et bon fruit se contentant de l'exposition de l'Est, mais d'une saveur plus riche au Midi.

DESCRIPTION.

Rameaux forts, allongés, obscurément anguleux dans leur contour, droits, à entre-nœuds de moyenne longueur, d'un vert intense et un peu jaune du côté de l'ombre, lavés et mouchetés de rouge brun du côté du soleil.

Boutons à bois moyens, élargis à leur base et courtement aigus, appliqués au rameau ; écailles d'un marron noirâtre et glabres.

Pousses d'été d'un vert vif, un peu lavées de rouge brun du côté du soleil.

Feuilles supérieures grandes, lancéolées bien allongées, s'atténuant longuement et régulièrement en une pointe finement aiguë, peu repliées ou presque planes, bordées de dents assez larges, peu profondes, bien couchées et émoussées, soutenues sur des pétioles assez courts, un peu forts, peu profondément canaliculés, munis de plusieurs grosses glandes réniformes dont deux sont souvent attachées à la base du limbe. Feuilles inférieures beaucoup moins grandes, obovales-lancéolées, un peu sensiblement atténuées du côté du pétiole et se terminant un peu brusquement en une pointe un peu longue, bordées de dents fines, très-peu profondes, bien couchées et aiguës.

Stipules longues et un peu laciniées.

Boutons à fruit moyens, ovo-ellipsoïdes, un peu obtus ou émoussés, à direction bien écartée du rameau, souvent éperonnés, soutenus le plus souvent deux à deux sur des supports bien saillants dont les côtés et l'arête médiane se prolongent obscurément ; écailles d'un marron foncé et presque glabres.

Fleurs presque moyennes, peu ouvertes; pétales arrondis, concaves, dressés, d'un rose rouge terne; calice en entonnoir régulier, à divisions longues, larges, brusquement atténuées et souvent presque aiguës à leur sommet, duveteuses; étamines peu saillantes.

Caractère saillant de l'arbre: teinte générale du feuillage d'un vert pré intense et mat; toutes les feuilles bordées de dents très-peu profondes et bien couchées.

Fruit gros, sphérico-ovoïde et surmonté d'un mamelon prononcé, très-largement tronqué du côté de la queue, très-largement convexe par ses joues, encore plus largement convexe par une de ses faces et également convexe par la face opposée partagée en deux parties, le plus souvent égales, par un sillon étroit et très-profond.

Point pistillaire attaché à un mamelon bien saillant sur le sommet du fruit et un peu recourbé.

Cavité de la queue un peu profonde, extraordinairement évasée, très-profondément pénétrée par l'entrée du sillon.

Peau fine, mince, se détachant parfaitement de la chair, couverte d'un duvet très-court et un peu roux, d'abord d'un vert jaunâtre, puis passant à la maturité, **fin d'août**, au jaune canari clair et presque entièrement recouvert d'un rouge brun très-intense qui décroît en petites taches sur les parties moins éclairées.

Chair entièrement d'un jaune clair et vif jusqu'au noyau, demi-fine, fondante, abondante en jus sucré, relevé d'un parfum d'abricot, constituant un fruit de bonne qualité et de belle apparence.

Noyau petit pour le volume du fruit, ovoïde un peu élargi et épais, largement tronqué ou arrondi à son point d'attache à la queue, se terminant régulièrement à son autre extrémité en une pointe un peu longue et aiguë, à joues bien bombées, peu trouées et peu rustiquées, se détachant bien de la chair; suture ventrale bien saillante, largement et très-profondément sillonnée, irrégulièrement crénelée par ses bords; arête dorsale peu épaisse, non saillante, aplanie et composée de lamelles exactement soudées; rainures latérales très-étroites et profondes.

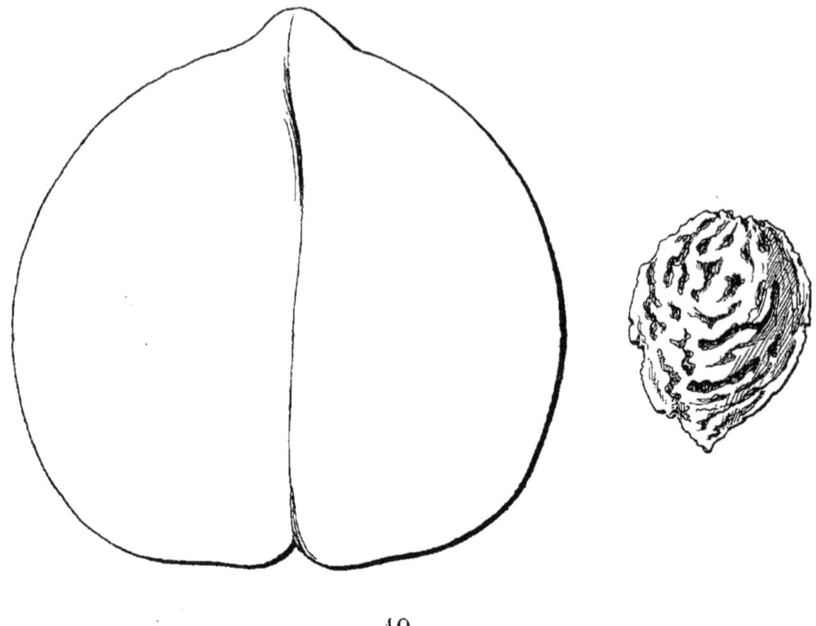

19

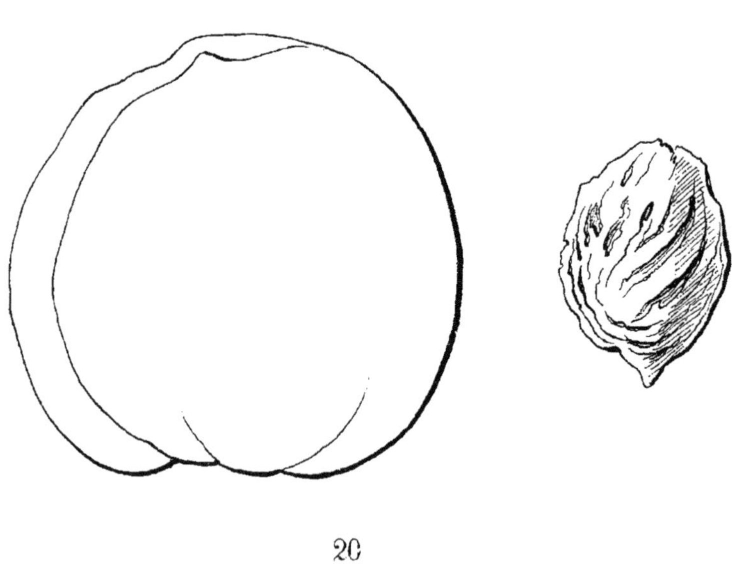

20

19. DOUBLE JAUNE. 20. MIGNONNE HATIVE.

Peingeon, Del. Imp. Authier et Barbier, Bourg.

ALEXINA CHERPIN

[N° 20]

Revue horticole. 1870. O. Thomas.

Observations. — Obtenue et propagée par M. Ferdinand Gaillard, pépiniériste à Brignais (Rhône).

DESCRIPTION.

Rameaux allongés, bien fluets, bien droits, à entre-nœuds assez courts et inégaux entre eux, d'un vert pâle et terne sablé de rougeâtre à l'ombre, d'un beau rouge violacé au soleil.

Boutons à bois très-petits, presque perdus dans leurs supports peu saillants; écailles noirâtres, lisses.

Pousses d'été bien allongées, très-grêles, bien colorées de pourpre violacé du côté du soleil.

Feuilles plutôt petites, allongées et étroites, bien atténuées à leur base et se terminant en une pointe longue et effilée, peu repliées sur leur nervure médiane très-fine, verdâtre, peu apparente, souvent largement ondulées, bordées de dents très-fines, peu profondes et assez aiguës; pétioles assez courts et grêles, munis de petites glandes réniformes d'un noir violacé.

Stipules assez courtes, finement aiguës, finement ciliées, d'un rouge sanguin.

Boutons à fruit petits, coniques, courts et obtus, parallèles au rameau; écailles rougeâtres, presque lisses.

Fleurs très-grandes, s'ouvrant bien; pétales étalés, bien élargis à leur base, un peu rétrécis à leur sommet, d'un beau rose violacé avant et après l'épanouissement, filets roses, anthères jaunâtres; calice à tube assez court, élargi, d'un brun rougeâtre, divisions verdâtres, obtuses, laineuses.

Caractère saillant de l'arbre: tous les rameaux fortement lavés de pourpre violacé et bien grêles.

Fruit gros, ovoïde-arrondi, également atténué à ses deux extrémités, partagé en deux parties à peu près égales par un sillon peu profond et cependant assez marqué, et dont l'un des bords est plus saillant que l'autre.

Point pistillaire petit, laineux, placé dans une petite cavité étroite sur le trajet du sillon qui souvent se prolonge des deux côtés.

Cavité de la queue large, profonde, souvent irrégulièrement côtelée dans ses bords.

Peau un peu épaisse et souple, couverte d'une longue laine grisâtre, sous laquelle on aperçoit d'abord avec peine sa couleur rouge vineux sombre qui, à la maturité, **fin de septembre et commencement d'octobre,** s'éclaircit un peu et prend une nuance de pourpre groseille sensible seulement sur quelques points.

Chair peu fine, ferme, exactement de la couleur de la betterave cultivée pour salade, un peu veinée de blanc, abondante en eau acidulée, rafraîchissante, plus ou moins sucrée suivant l'exposition et la saison, constituant un fruit de seconde qualité.

Noyau assez gros pour le volume du fruit, se détachant parfaitement de la chair, ovoïde, peu atténué vers son point d'attache à la queue, se terminant subitement en une pointe courte, à joues peu convexes, peu profondément trouées et rustiquées ; suture ventrale peu profondément et étroitement sillonnée; arête dorsale large, arrondie, peu saillante, formée de lamelles soudées ; rainures latérales étroites et peu profondes.

MIGNONNE HATIVE

[N° 21]

Observations. — Arbre de vigueur moyenne, réussissant à l'exposition de l'Est, mais mieux placé en espalier au Midi pour assurer la précocité de son fruit.

DESCRIPTION.

Rameaux de moyenne force, assez allongés, d'un vert clair et pâle à l'ombre, d'un beau rouge sanguin au soleil.

Boutons à bois coniques-allongés, étroits, assez aigus, un peu écartés du rameau par leur extrémité ; écailles brunes, peu duveteuses.

Pousses d'été grêles et allongées, à entre-nœuds égaux et assez rapprochés, lavées d'un léger rouge brun du côté du soleil.

Feuilles moyennes, un peu atténuées à leur base, s'élargissant bien ensuite et se terminant en une pointe longue et effilée, presque planes, à nervure médiane vert blanchâtre, apparente, bordées de dents fines, peu profondes, aiguës, mais à pointe couchée et recourbée se dirigeant du côté de l'extrémité de la feuille ; pétioles très-courts, assez forts, munis de deux très-petites glandes globuleuses jaunâtres.

Stipules courtes, effilées, d'un rouge amarante, finement et courtement laciniées.

Boutons à fruit assez gros, coniques-allongés, peu renflés et obtus, portés sur des supports peu saillants dont les côtés se prolongent d'une manière apparente mais peu saillante; écailles intérieures plutôt rouges que brunes, les extérieures légèrement recouvertes d'un court duvet blanchâtre.

Fleurs grandes ; pétales obcordiformes, peu concaves, ondulés dans leur contour, étalés, d'un rose violacé pâle ; calice à tube très-court, conique, à divisions peu soyeuses, étroites, rétrécies vers leur extrémité.

Caractère saillant de l'arbre: teinte générale du feuillage d'un vert clair; rameaux menus.

Fruit moyen ou gros, ordinairement un peu plus élevé du côté opposé au sillon large, peu profond, dont un des bords est ordinairement plus saillant, presque globuleux, presque aussi haut que large, un peu déprimé à son sommet ou même concave.

Point pistillaire petit, placé dans une cavité étroite et un peu profonde.

Cavité de la queue large et profonde, ouverte des deux côtés par la prolongation du sillon.

Peau bien fine, très mince, entièrement couverte d'un duvet fin, se détachant bien de la chair, d'un vert clair d'abord, puis passant à la maturité, **commencement d'août,** au jaune pâle blanchâtre sur lequel s'étend et que recouvre presque entièrement un beau rouge pourpre, plus intense sur le point directement exposé au soleil.

Chair blanche, très-fine, très-tendre, très-fondante, un peu rosée autour du noyau, très-abondante en eau bien sucrée, parfumée, fort agréable, constituant un fruit de première qualité.

Noyau moyen, proportionné au volume du fruit, blond jaunâtre, ovoïde, à peu près également atténué à sa base et à son sommet, à pointe très-courte mais aiguë, à joues profondément rustiquées et bien convexes ; suture ventrale saillante, partagée par un sillon profond ; arête dorsale et rainures latérales se confondant ensemble.

PÊCHE BABOUD

[N° 22]

Observations. — Arbre très-rustique et d'une grande fertilité.

DESCRIPTION.

Rameaux peu allongés, grêles, à entre-nœuds remarquablement courts.

Boutons à bois.....

Pousses d'été courtes et grêles, à entre-nœuds extraordinairement rapprochés, bien lavées de rouge sanguin du côté du soleil.

Feuilles moyennes, peu atténuées à leur base, s'élargissant bientôt et se terminant ensuite, en une pointe assez longue et finement aiguë, assez repliées sur leur nervure médiane très-fine, crénelées plutôt que dentées et arquées; pétioles courts, peu forts, souvent colorés de rouge, munis de deux ou trois fortes glandes brunes, réniformes.

Stipules profondément et finement laciniées, d'un brun rougeâtre.

Boutons à fruit.....

Fleurs très-petites; pétales ovales-étroits, bien concaves, dressés, d'un rouge vineux en dehors, d'un rose rouge en dedans; calice à tube court, bien élargi, à divisions courtes, bien colorées, concaves, bien duveteuses.

Caractère saillant de l'arbre.....

Fruit assez gros, ovoïde-irrégulier, bosselé et sillonné dans sa surface, élargi vers son sommet et sensiblement atténué à sa base, partagé en deux parties à peu près égales par un sillon large et assez profond qui est souvent remplacé du côté opposé par une côte saillante.

Point pistillaire placé sur un court mamelon qui souvent recouvre le fruit, comme d'autres fois ce mamelon saillit dans une dépression assez large.

Cavité de la queue très-étroite, irrégulière dans ses bords.

Peau fine, mince, se détachant assez bien de la chair, d'abord d'un vert assez intense recouvert d'un duvet long et assez épais, puis passant à la maturité, **commencement et milieu d'août**, au jaune pâle mat, finement pointillé de pourpre, le côté exposé au soleil et la plus grande partie de la surface de la peau se lavent d'un pourpre intense, noirâtre sur le point le plus direct.

Chair demi-fine, d'un blanc légèrement verdâtre, rouge brique vers le noyau dont elle se détache très-bien, suffisante en eau légèrement acidulée, hautement parfumée, rafraîchissante, faisant de cette Pêche, quoique la chair ne soit pas de première finesse, un fruit fort agréable.

Noyau gros, d'un pourpre brun, grossièrement rustiqué, sensiblement atténué et aplati vers son point d'attache à la queue, à joues remarquablement rebondies vers son autre extrémité qui se termine par une pointe assez courte; suture ventrale profondément sillonnée; arête dorsale peu saillante, élargie, aplatie et légèrement fendue du haut en bas; rainures latérales étroites et peu profondes.

PÊCHERS

DONT LA DESCRIPTION N'A PAS ÉTÉ ACHEVÉE

Admirable jaune.

Pousses d'été grêles, d'un vert jaunâtre, bien colorées de rouge sanguin du côté du soleil. — Feuilles supérieures petites, ovales-elliptiques, étroites, se terminant lentement et régulièrement en une pointe longue, étroite et recourbée, repliées et largement ondulées, garnies de dents fines, peu profondes et aiguës; feuilles inférieures semblables, s'élargissant un peu plus près de leur sommet, à pointe longue, fine et encore plus recourbée, aussi ondulées et bien arquées, garnies de dents moins fines et moins aiguës; pétioles courts, grêles, munis de glandes réniformes. — Stipules courtes, munies de cils très-courts. — Fleurs petites, un peu ouvertes; pétales ovales un peu élargis, concaves, dressés, d'un rose rougeâtre vif; calice à divisions courtes, obtuses, soyeuses; étamines peu saillantes. — Caractère saillant de l'arbre : teinte générale du feuillage d'un vert jaunâtre; toutes les feuilles plus ou moins ondulées et arquées; branchage fluet.

Béguine de Termonde.

Pousses d'été fortes, bien colorées. — Feuilles supérieures grandes, ovales-allongées, atteignant leur plus grande largeur plus près de leur base, puis s'atténuant lentement en une pointe bien longue, un peu repliées et souvent froncées sur leur nervure médiane, crénelées plutôt que dentées; feuilles inférieures elliptiques, atteignant leur plus grande largeur plus près de leur extrémité, puis se terminant un peu brusquement en une pointe de moyenne longueur; pétioles longs, forts, munis souvent d'un grand nombre de glandes réniformes à centre rouge, dont quelques-unes s'attachent à la base de la feuille. — Stipules fines, de moyenne longueur, courtement ciliées. — Fleurs grandes, ouvertes; pétales cordiformes-élargis, très-peu concaves, d'un rose violacé un peu vif; calice en godet court, à divisions larges, un peu sensiblement atténuées, presque aiguës, bien colorées et finement duveteuses. — Caractère saillant de l'arbre : aspect général de vigueur; rameaux bien colorés.

Bernardin de Saint-Pierre.

Pousses d'été assez fluettes, légèrement colorées de rouge sanguin terne. — Feuilles moyennes, ovales-elliptiques, un peu étroites, s'atténuant lentement et régulièrement vers leur extrémité, presque planes ou peu repliées, bordées de dents très-peu profondes, presque imperceptibles; pétioles un peu longs, munis de deux et souvent de plusieurs grosses glandes réniformes. — Stipules courtement ciliées. — Fleurs petites, s'ouvrant peu; pétales bien concaves, dressés, d'un rose rouge tendre; calice à tube bien élargi, divisions courtes, arrondies, bien duveteuses. — Caractère saillant de l'arbre : toutes les feuilles d'un vert-un peu jaunâtre, raides et non arquées.

Brugnon Early Black.

Pousses d'été de moyenne force, bien colorées d'un rouge rosat violacé. — Feuilles supérieures moyennes, ovales-allongées, se terminant lentement et régulièrement en une pointe un peu longue et finement aiguë, repliées et arquées, bordées de dents fines, peu profondes et arrondies; feuilles inférieures plus petites, presque elliptiques si elles n'étaient ordinairement un peu plus élargies près de leur sommet, se terminant un peu brusquement en une pointe de moyenne longueur, très-peu repliées, presque planes, bordées de dents un peu larges, peu profondes et arrondies; pétioles un peu longs, de moyenne force, munis de deux ou plusieurs grosses glandes réniformes. — Stipules très-courtes, élargies à leur base, munies de cils très-courts. — Caractère saillant de l'arbre : teinte générale du feuillage d'un beau vert à fond un peu jaunâtre; feuilles supérieures sensiblement pliées et arquées.

Brugnon hatif de Zelhem.

Revue horticole. 1870. O. Thomas.
Album de Pomologie belge. Bivort.

Obtenu par M. Edouard Vandenzande, jardinier à Zelhem (Pays-Bas). M. O. Thomas déclare cette variété peu vigoureuse; même fait se reproduit chez moi.

De Chazotte.

Revue horticole. 1870. O. Thomas.

Origine inconnue, et multipliée en 1851 par MM. Jacquemet-Bonnefond, d'Annonay (Ardèche); doit être rangée dans la classe des Pourprées.

Early Silver.

Revue horticole. 1870. O. Thomas.

Obtenue par M. Rivers, qui la livra au commerce en 1865.

« Très-remarquable variété que j'ai obtenue d'un noyau de Nectarine blanche; la couleur du fruit, d'un blanc d'argent teinté de rose, en fait la plus belle Pêche; sa chair possède une saveur spiritueuse (*racy* voulant plutôt dire : ayant du bouquet, un parfum propre), mais elle exige un climat chaud, sans quoi elle est sujette à devenir acide. Aucune Pêche n'est plus propre au forçage, parce qu'elle ne perd jamais sa délicieuse saveur piquante (*piquancy*). L'arbre est robuste et très-fertile. » (C'est une Pourprée.)

(*Note du Catalogue de M. Rivers.*)

Chancelière, Mignonne bosselée.

Pousses d'été grêles, peu allongées, d'un vert pâle à l'ombre, à peine colorées de rouge du côté du soleil. — Feuilles supérieures ovales-lancéolées, allongées et étroites, s'atténuant longuement pour se terminer en une pointe longue et déliée, creusées en gouttière et recourbées par leur pointe, très-finement et très-peu profondément crénelées plutôt que dentées, largement ondulées, soutenues sur des pétioles courts, forts et profondément canaliculés ; deux glandes globuleuses extraordinairement petites sont attachées à deux petites dents placées à la base du limbe ; feuilles inférieures plus petites et un peu élargies, ovales-elliptiques, bien atténuées à leur base et se terminant peu brusquement en une pointe courte, bordées de dents extraordinairement fines et peu profondes, couchées et aiguës, largement ondulées. — Stipules courtes et extraordinairement fines. — Fleurs grandes, ouvertes; pétales cordiformes-élargis, peu concaves, étalés, d'un joli rose violacé; calice à tube court, en godet, divisions sensiblement atténuées, presque aiguës, bien colorées, peu duveteuses. — Caractère saillant de l'arbre : teinte générale du feuillage d'un vert très-clair et herbacé; toutes les feuilles petites et remarquablement ondulées d'une manière vraiment caractéristique ; branchage menu. — Fruit gros, irrégulièrement sphérique, tantôt plus, tantôt moins déprimé à ses deux pôles, le plus souvent aussi large que haut et parfois un peu plus haut que large, à joues très-largement convexes un peu comprimées, convexe par ses faces dont l'une est traversée par un sillon étroit et peu profond qui se continue sur la face opposée par une dépression bien accusée. — Peau fine, mince, bien finement duveteuse, se détachant parfaitement de la chair.

Daun.

Revue horticole. 1870. O. Thomas.
Revue de l'Arboriculture fruitière. 1872.

Communiquée à M. Simon-Louis par M. Jacquemet-Bonnefond, d'Annonay. M. Gay, pépiniériste à Bollwiller, annonce qu'il l'a reçue d'Autriche vers 1845.

Pousses d'été assez fortes, légèrement colorées de rouge. — Feuilles supérieures grandes, ovales-allongées et élargies, se terminant bien régulièrement en une pointe finement aiguë, peu repliées, presque planes, bordées de dents très-peu profondes et couchées de manière à paraître arrondies; feuilles inférieures obovales bien élargies, se terminant moins régulièrement en une pointe longue, planes ou presque planes, bordées de dents plus profondes, recourbées et aiguës; glandes petites, globuleuses, souvent pédicellées et nombreuses, attachées aux pétioles courts et forts, largement canaliculés. — Stipules longues et fines, finement laciniées. — Fleurs bien grandes, ouvertes; pétales arrondis-élargis, étalés, très-amples, d'un rose violacé clair, peu concaves; calice à tube très-court, en godet, divisions larges, souvent aiguës ou atténuées, peu duveteuses. — Caractère saillant de l'arbre : teinte générale du feuillage d'un vert jaune; toutes les feuilles d'une grande ampleur et d'un vert foncé; aspect général d'une grande vigueur.

Elisabeth Bonamy.

Catalogue Bonamy frères.

Obtenue en 1868 par MM. Bonamy, pépiniéristes à Toulouse, et dédiée à Madame Elisabeth Bonamy.

Flersellen.

Pousses d'été d'un vert vif à l'ombre, colorées de rouge vineux du côté du soleil. — Feuilles supérieures moyennes, lancéolées un peu élargies à leur base, puis s'atténuant assez promptement en une pointe longue, étroite et très-finement aiguë à son extrémité, peu repliées, bien recourbées en dessous ou coutournées, finement et très-peu profondément crénelées plutôt que dentées, soutenues sur des pétioles très-courts, un peu forts, peu profondément canaliculés et munis de glandes réniformes souvent nombreuses ; feuilles inférieures bien plus élargies, obovales ou obovales-elliptiques, se terminant brusquement en une pointe un peu longue, bien planes, bordées de dents fines, très-peu profondes, bien couchées et souvent finement aiguës. — Stipules courtes et fines. — Fleurs grandes, ouvertes ; pétales cordiformes-élargis, largement arrondis à leur sommet, peu concaves, d'un joli rose violacé ; calice en godet bien élargi, à divisions sensiblement atténuées, un peu aiguës, bien colorées et à peine duveteuses. — Caractère saillant de l'arbre : teinte générale du feuillage d'un vert herbacé peu foncé ; serrature de toutes les feuilles bien fine et bien peu profonde ; rameaux bien colorés ; fruits de bonne heure marbrés de pourpre violacé foncé.

Hardwick's Seedling (Nectarine).

Revue horticole. 1871. O. Thomas.

Obtenue en Angleterre, il n'y a pas très-longtemps, d'un noyau du Brugnon Elruge, auquel elle ressemble beaucoup par son fruit ; l'arbre est plus robuste.

Jaune d'Amérique.

Pousses d'été de moyenne force, bien colorées de rouge sanguin au soleil, d'un vert jaune du côté de l'ombre. — Feuilles supérieures moyennes, ovales-allongées, se terminant lentement et régulièrement en une très-longue pointe bien déliée et bien fine à son extrémité, peu repliées sur leur nervure médiane, ordinairement largement ondulées dans leur contour, garnies de dents fines, peu profondes et aiguës ; feuilles inférieures bien plus petites, elliptiques, se terminant plus brusquement en une pointe longue, fine et recourbée, peu repliées sur leur nervure médiane et ondulées, munies de dents fines, très-peu profondes et aiguës ; pétioles courts, peu forts, munis de deux ou plusieurs glandes globuleuses. — Stipules de moyenne longueur, très-finement aiguës, courtement ciliées. — Fleurs petites ; pétales courts, presque arrondis, bien concaves et dressés, d'un rose rouge terne ; calice à tube profond et bien élargi, divisions larges, assez sensiblement atténuées sur le sommet qui est obtus, d'un brun rouge souvent bordé de verdâtre, bien soyeuses. — Caractère saillant de l'arbre : teinte générale du feuillage d'un vert jaunâtre ; toutes les feuilles ondulées.

Lady Parham.

Pousses d'été d'un vert très-clair, lavées de rouge vif du côté du soleil. — Feuilles supérieures assez petites, plutôt ovales-allongées que lancéolées, s'atténuant assez sensiblement, un peu longuement et un peu brusquement pour se terminer en une pointe finement aiguë, planes et parfois très-largement ondulées, bordées de dents peu profondes et tellement couchées qu'elles paraissent plutôt largement crénelées que dentées, soutenues sur des pétioles très-courts, presque grêles, à peine canaliculés et munis de glandes réniformes ; feuilles inférieures petites, obovales-lancéolées, longuement et peu sensiblement atténuées vers le pétiole, à peine repliées et souvent largement ondulées, bordées de dents assez larges, peu profondes, couchées et aiguës. — Stipules courtes et profondément laciniées. — Caractère saillant de l'arbre : teinte générale du feuillage d'un vert pré mat ; toutes les feuilles plus ou moins petites et celles des pousses d'été remarquablement élargies ; rameaux grêles et bien colorés.

Laurent de Bavay.

Catalogue Papeleu. 1855-1856.

Obtenue par M. Loisel, pépiniériste à Fauquemont.

Pousses d'été de moyenne force, peu colorées, allongées, bien fluettes à leur extrémité. — Feuilles supérieures moyennes, ovales-allongées, se terminant lentement et régulièrement en une pointe moyenne, recourbée, repliées et froncées sur leur nervure médiane ; feuilles inférieures se terminant plus brusquement en une pointe de moyenne longueur, moins froncées et repliées sur la nervure ; pétioles courts, grêles, munis souvent de plusieurs glandes globuleuses ; toutes les feuilles bordées de dents très-fines, très-régulières, très-peu profondes et émoussées. — Stipules moyennes, bien fines, courtement ciliées. — Caractère saillant de l'arbre : teinte générale du feuillage d'un vert clair et gai.

Léopold Ier.

Revue horticole. 1870. O. Thomas.
Congrès Pomologique.

Très-beau fruit à placer à l'Est et au Sud-Est, plutôt qu'au Midi.

Madeleine blanche de Loisel.

Revue horticole. 1870. O. Thomas.
Catalogue Loisel. 1851.

Probablement obtenue par M. Loisel, de Fauquemont, et propagée par les Pépinières royales de Vilvorde.

Marie de la Rochejaquelein.

Pousses d'été peu fortes, colorées d'un rouge sanguin intense. — Feuilles moyennes, exactement ovales, se terminant quelquefois un peu brusquement, le plus souvent lentement en une pointe courte, peu repliées sur leur nervure médiane, surtout les feuilles inférieures, paraissant très-peu profondément crénelées plutôt que dentées, sensiblement arquées ; pétioles courts, assez forts, munis de deux grosses glandes réniformes. — Stipules courtes, courtement ciliées, souvent colorées de rouge. — Fleurs petites ; pétales, très-petits, courts, ovales-arrondis, bien concaves, dressés, d'un rose tendre ; calice à tube bien élargi, divisions courtes, sensiblement atténuées vers leur sommet obtus, assez soyeuses. — Caractère saillant de l'arbre : toutes les feuilles courtes et un peu élargies ; rameaux bien colorés.

MUY SWANTZEL.

Pousses d'été fluettes,bien colorées de rouge vif. — Feuilles moyennes, bien allongées, peu élargies, atteignant ordinairement leur plus grande largeur plus près de leur base, puis s'atténuant lentement et régulièrement en une pointe longue et bien fine à son extrémité, peu repliées sur leur nervure médiane, un peu arquées, bordées de dents peu profondes et obtuses, paraissant plutôt crénelées que dentées ; pétioles un peu forts, profondément canaliculés, munis de deux grosses glandes réniformes, souvent plus nombreuses et quelquefois colorées de rouge à leur centre. — Stipules courtes, garnies de cils courts. — Fleurs grandes, ouvertes ; pétales cordiformes, atténués à leur sommet, peu concaves, étalés, d'un rose violacé ; divisions du calice sensiblement atténuées, bien colorées, peu duveteuses. — Caractère saillant de l'arbre : arbre d'un port élégant par son feuillage bien régulier et par la jolie couleur de ses rameaux effilés.

NECTARINE LARGE ELRUGE.

Revue horticole. 1870. O. Thomas.

Obtenue d'un noyau d'Elruge par M. Rivers, qui l'a mise au commerce en 1867.

NECTARINE STANWICK ELRUGE.

Revue horticole. 1871. O. Thomas.

Provenant du même semis que Large Elruge, c'est-à-dire d'un noyau d'Elruge.

NOBLESSE SEEDLING.

Alexandra. — Robert Hogg. Downing.

Pousses d'été fortes, colorées de rouge intense. — Feuilles assez grandes, ovales-allongées et élargies pour des feuilles de Pêcher, les inférieures bien atténuées à leur base, atteignant leur plus grande largeur plus près de leur sommet, puis se terminant un peu brusquement en une pointe courte et souvent contournée ; les supérieures atteignant leur plus grande largeur plus près de leur base, puis s'atténuant très-lentement et régulièrement en une longue pointe aussi contournée, toutes peu repliées sur leur nervure et bordées de dents larges, profondes, aiguës et souvent doubles ; pétioles courts, très-forts, dépourvus de glandes. — Stipules de moyenne longueur, profondément laciniées. — Fleurs grandes dans les moyennes, demi-ouvertes ; pétales elliptiques-élargis, bien concaves, un peu dressés, d'un rose rouge foncé ; calice à tube très-élargi, divisions un peu atténuées, bien duveteuses. — Caractère saillant de l'arbre : feuillage ample, d'un vert foncé ; toutes les feuilles profondément dentées et à pointe souvent contournée.

Pavie monstrueux.

Pousses d'été assez fortes et allongées. — Feuilles très-grandes, épaisses, ovales-elliptiques, élargies, se terminant très-lentement en une pointe courte, très-peu repliées sur leur nervure médiane jaune, paraissant largement crénelées plutôt que dentées ; pétioles courts, forts, munis de grosses glandes réniformes. — Stipules courtes, ciliées. — Caractère saillant de l'arbre : feuillage très-ample, d'une teinte générale vert jaunâtre.

Pêche de Colmar.

Pousses d'été peu fortes, colorées d'un rouge intense. — Feuilles plutôt petites, les supérieures ovales-allongées, se terminant bien lentement et régulièrement en une pointe courte et bien fine, plutôt un peu convexes que repliées, garnies de dents assez fines, très-peu profondes et émoussées ; feuilles inférieures plus petites, ovales-elliptiques, se terminant un peu plus promptement en une pointe courte et fine, un peu concaves et paraissant peu profondément crénelées plutôt que dentées ; pétioles courts, grêles, munis de grosses glandes réniformes. — Stipules un peu longues, fines, très-courtement ciliées. — Caractère saillant de l'arbre : feuillage et branchage menus ; rameaux bien colorés ; les feuilles souvent plutôt concaves que repliées.

Pêche plate de la Chine.

Pêche plate. *Revue horticole.* 1870. Carrière.

Introduite en France par M. Fontanier, interprète en Chine, qui en envoya des noyaux au Muséum.

Pourprée hative a grandes fleurs.

Pousses d'été peu fortes, bien colorées. — Feuilles inférieures elliptiques un peu élargies, se terminant un peu brusquement en une pointe longue, bien fine à son extrémité, les supérieures ovales-elliptiques, se terminant plus lentement et régulièrement en une pointe longue, mais moins déliée, toutes très-peu repliées et légèrement froncées sur leur nervure médiane ; pétioles courts, profondément canaliculés, ordinairement dépourvus de glandes, en ce que ces glandes, petites, globuleuses, sont presque toujours attachées à deux petites échancrures sur la base de la feuille. — Stipules longues, finement laciniées à leur base, souvent colorées de rouge. — Fleurs bien grandes, ouvertes ; pétales cordiformes-arrondis, peu concaves, étalés, d'un beau rose violacé, souvent ondulés dans leurs bords ; calice à tube extrêmement court, en large godet, divisions très-sensiblement atténuées, aiguës, bien colorées, peu duveteuses. — Caractère saillant de l'arbre : toutes les feuilles excepté les supérieures d'un vert intense, et légèrement froncées sur leur nervure médiane.

Prince of Wales (Nectarine).

Revue horticole. 1870. O. Thomas.

Obtenue, vers 1860, par M. Thomas Rivers, d'un noyau de Pitmaston Orange.

Pousses d'été fortes, bien colorées de rouge. — Feuilles moyennes, ovales, sensiblement atténuées à leur base et encore plus vers leur sommet où elles se terminent en une longue pointe effilée et bien aiguë, presque planes, bordées de dents profondes et bien aiguës ; pétioles courts, peu forts, munis de deux très-petites glandes globuleuses presque imperceptibles. — Stipules assez longues, un peu longuement ciliées. — Caractère saillant de l'arbre : feuilles sensiblement atténuées à leurs deux extrémités, dentées un peu à la manière des Madeleines, classe à laquelle cette variété pourrait appartenir par son aspect si les feuilles étaient dépourvues de glandes.

Ray Mackers.

Raymackers. — Album Bivort. Downing.

Pousses d'été peu fortes, bien allongées, bien colorées d'un rouge vif. — Feuilles moyennes, toutes régulièrement ovales-allongées, se terminant un peu promptement en une pointe de moyenne longueur, peu repliées sur leur nervure médiane ou presque planes, paraissant toutes largement crénelées plutôt que dentées ; pétioles courts, peu forts, munis de deux petites glandes globuleuses bien rapprochées de la base de la feuille. — Stipules longues, profondément laciniées. — Fleurs presque moyennes, s'ouvrant un peu ; pétales cordiformes, munis d'oreillette, très-concaves, dressés, d'un rose rouge vif ; divisions du calice étroites, vertes, duveteuses. — Caractère saillant de l'arbre : feuillage d'un beau vert clair et vif ; feuilles souvent largement ondulées.

Rendhalter.

Fruit gros, sphérico-ovoïde, presque également atténué, soit du côté du point pistillaire, soit du côté de la cavité de la queue, bien convexe par ses joues, largement convexe un peu comprimé par une de ses faces, plus convexe par la face opposée, traversée par un sillon étroit et un peu profond dont une des lèvres est ordinairement plus saillante que l'autre. — Point pistillaire attaché à un petit mucron placé en travers du sillon qui se prolonge un peu sur le sommet du fruit, sans cependant descendre sur la face opposée. — Peau fine, couverte d'un duvet un peu long et un peu épais, d'abord d'un vert très-pâle, blanchâtre, puis passant à la maturité, *fin d'Août*, au jaune pâle recouvert du côté du soleil d'un rouge rosat frais, un peu voilé par l'épaisseur du duvet et jamais sur une très-large étendue.

Roussanne nouvelle.

Revue horticole. 1871. Jamain.

J'ignore l'origine de cette variété.

Glandes réniformes. — Fleurs grandes ; pétales ovales un peu élargis, presque planes, à onglet peu long, se touchant entre eux, à peine lavés de rose en dehors, blancs en dedans ; divisions du calice un peu longues, finement aiguës, recourbées en dessous ; pédicelles courts, grêles, peu duveteux. — Fruit très-gros, sphérique. — Peau très-velue, d'un rouge sanguin très-foncé sur presque toute son étendue. — Chair blanche, non adhérente. — Maturité, *fin d'Août*.

SANGUINE CARDINALE.

Pousses d'été courtes, fortes, d'un vert d'eau à l'ombre, colorées de rouge lie de vin du côté du soleil. — Feuilles supérieures petites, lancéolées-étroites et allongées, s'atténuant régulièrement en une pointe peu finement aiguë, repliées et souvent largement ondulées, bordées de dents assez profondes, recourbées et finement aiguës, soutenues sur des pétioles très-courts, peu forts, à peine canaliculés et munis de deux ou plusieurs glandes réniformes; feuilles inférieures plus petites et plus courtes, bien atténuées vers le pétiole et se terminant régulièrement en une pointe courte, à peine repliées, bordées de dents fines, peu profondes et aiguës. — Stipules courtes, laciniées. — Fleurs petites, peu ouvertes; pétales elliptiques-arrondis, bien concaves, dressés, d'un rose rouge clair, dépassant de moitié les divisions du calice qui sont courtes, bien étroites, bien atténuées et aiguës à leur extrémité, bien colorées et un peu duveteuses; étamines à peine saillantes. — Caractère saillant de l'arbre : teinte générale du feuillage d'un vert bleu intense; toutes les feuilles étroites et garnies d'une serrature fine et bien aiguë; nervure inférieure bien colorée de rouge vineux.

SMITH'S EARLY NEWINGTON.

Pousses d'été de moyenne force, un peu colorées de rouge sanguin. — Feuilles moyennes, ovales-allongées et souvent élargies, atteignant leur plus grande largeur plus près de leur base, s'atténuant ensuite lentement, puis se terminant tantôt régulièrement, tantôt un peu brusquement, en une pointe assez peu longue et finement aiguë; celles du bas des pousses presque planes, celles du haut repliées, arquées et froncées sur leur nervure médiane, toutes bordées de dents très-peu profondes et émoussées; pétioles très-courts, forts, munis de deux glandes réniformes. — Stipules courtes, finement ciliées, très-caduques. — Fleurs bien petites, peu ouvertes; pétales courts, ovales-arrondis, bien concaves, ne pouvant s'ouvrir, d'un rose rouge vif, dressés; calice à tube étroit, divisions profondes, obtuses, bien duveteuses. — Caractère saillant de l'arbre : feuillage d'un vert sombre; feuilles supérieures des pousses remarquablement froncées sur leur nervure.

SUSQUEHANNA.

Pousses d'été assez fortes, d'un vert jaune, lavées d'un rouge léger du côté du soleil. — Feuilles supérieures longues, un peu élargies, se terminant presque régulièrement en une très-longue pointe, bien fine, peu repliées et bordées de dents fines, bien recourbées et aiguës; feuilles inférieures sensiblement plus petites, obovales, sensiblement atténuées à leur base, se terminant brusquement en une pointe un peu longue et fine, planes et bordées de dents très-peu profondes; glandes réniformes attachées plus ou moins nombreuses à des pétioles courts et bien forts. — Stipules longues, bordées de cils courts. — Caractère saillant de l'arbre : teinte générale du feuillage d'un vert jaune; toutes les feuilles assez longuement acuminées et peu repliées.

TARDIVE D'AUVERGNE.

Pousses d'été fluettes, assez colorées. — Feuilles moyennes, ovales-allongées et élargies, atteignant leur plus grande largeur plus près de leur base, puis s'atténuant bien lentement avant de se terminer en une pointe de moyenne longueur, repliées sur leur nervure médiane et un peu arquées, munies de dents très-peu profondes, émoussées et aiguës vers l'extrémité de la feuille ; pétioles courts, de moyenne force, munis de deux glandes globuleuses. — Stipules courtes, imperceptiblement ciliées. — Caractère saillant de l'arbre : teinte générale du feuillage d'un vert jaunâtre ; branchage menu.

TRIOMPHE DE SAINT-LAURENT.

Revue horticole. 1870. O. Thomas.

MM. Simon-Louis ont reçu cette variété en 1863 de M. Galopin, de Liège, et M. O. Thomas pense qu'elle a été découverte par lui aux environs de Liège.

Glandes très-petites, globuleuses. — Fleurs petites, un peu ouvertes ; pétales bien élargis, bien concaves, dressés, d'un rose rouge peu foncé et terne, dépassant de la moitié de leur longueur les divisions du calice courtes, peu larges, peu atténuées, un peu obtuses, bien colorées et un peu duveteuses ; étamines saillantes.

TURENNE AMÉLIORÉE.

Catalogue Simon-Louis. 1860-1861.

L'arbre, de grande vigueur, convient surtout au verger ; élevé en haute tige, ses branches sont pendantes ; il est d'une grande fertilité. Son fruit moyen et de bonne qualité se reproduit de noyau.

Pousses d'été de moyenne force, bien colorées. — Feuilles moyennes, les supérieures ovales-elliptiques, un peu élargies, se terminant lentement et régulièrement en une pointe de moyenne longueur et recourbée ; les inférieures et celles des bouquets très-sensiblement atténuées à leur base et atteignant leur plus grande largeur bien près de leur sommet, se terminant ensuite un peu brusquement en une pointe courte ; les premières garnies de dents larges et souvent peu aiguës, les secondes garnies de dents plus fines et très-aiguës, surtout vers l'extrémité de la feuille, toutes peu repliées sur leur nervure médiane ; pétioles courts, de moyenne force, munis de deux glandes globuleuses. — Stipules moyennes et finement ciliées. — Caractère saillant de l'arbre : teinte générale du feuillage d'un vert foncé ; différence sensible dans la denture des feuilles.

VERMASH (Nectarine).

Peterborough. Catalogue John Scott.

Pousses d'été de moyenne force, lavées du côté du soleil d'un rouge finement pointillé de vert jaunâtre. — Feuilles moyennes, presque elliptiques, un peu élargies, atteignant leur plus grande largeur tantôt au milieu de leur longueur, tantôt un peu plus près de leur sommet; celles du bas de la pousse se terminant un peu brusquement en une pointe assez longue, presque planes ; celles du haut s'atténuant plus régulièrement et lentement en une pointe longue, un peu repliées sur leur nervure médiane, toutes garnies de dents doubles et profondes, finement acérées; pétioles courts, assez forts, profondément canaliculés, dépourvus de glandes. — Stipules longues, fines et finement laciniées. — Fleurs grandes, ouvertes; pétales ovales-élargis, peu concaves, étalés, d'un rose violacé pâle; calice à tube en godet élargi, divisions bien atténuées, bien colorées. — Caractère saillant de l'arbre : caractères généraux de toutes les Madeleines.

Violette de Montpellier.

Pousses d'été de moyenne force, lavées du côté du soleil d'un rouge vif finement pointillé de jaune. — Feuilles supérieures un peu élargies, se terminant régulièrement en une pointe peu longue et bien aiguë, peu repliées et souvent contournées par leur pointe, bordées de dents peu profondes, couchées et souvent finement aiguës; feuilles inférieures presque elliptiques-élargies, se terminant un peu brusquement en une pointe peu longue, planes et même quelquefois un peu convexes, bordées de dents bien larges, assez profondes et aiguës ; deux glandes réniformes passant promptement au rouge amarante foncé sont attachées, soit à la base du limbe, soit sur les pétioles courts et très-forts. — Stipules courtes, fines, à peine dentées, munies de cils courts. — Caractère saillant de l'arbre : teinte générale du feuillage d'un vert intense; feuillage ample; toutes les feuilles plutôt larges et presque planes.

PÊCHERS

DONT LA DESCRIPTION N'A PAS ÉTÉ FAITE *

Abt Jodocus.
Admirable rouge.
* A fleurs doubles roses.
Aikelins Frühpfirsich.
Alberge de Montgamet.
Angoumois violet.
Avant-précoce.
* Avant-précoce Pavie.

* Barrington.
* Beauté de la Saulsaie.
Belle de la Croix.
Belle Dupont.
Belle mousseuse.
Belle Toulousaine.
Bergen Yellow.
Blanche d'Eckenolm.
Bôttchers's Frühpfirsich.
Bordeaux Cling.
* Bourdine de Narbonne.
* Brugnon à feuilles sablées.
* — Anglais.
* — blanc.
— Chauvière.
* — de Montpellier.
— Jenny de Thouaré.
* — Impérial.
— monstrueux.
* — Newington Early.
— Orange.
— Tawenez.
* Bronzée.

Cardinale.
Cardinal Fürstenberg.
Carolinen Härtling.
Chevreuse hâtive.
Chevreuse tardive.
Coigneau.
* Comice de Bourbourg.
Comte de Neperg.
* Coolridge's Favourite.

Dekenhoven Pfirsich.
* De Citry.
* De Ferrières.
De Grillet.
Desprez.
De Thoissey.
De Trianon.
D'Ispahan à fleurs simples.
Doctor Lucas Pfirsich.
Double blanche de Fortune.
Double cramoisie de Fortune.

Early Alfred.
Early Favourite.
Early Sam.
Early Victoria.
Early York.
Erzherzog Carl.
Erzherzog Johann.
Excellente.

Freestone Peach.

Général Laudon.
* Georgia.
Gogas.
Golden Ampère.
Golden Ball.
Grauer-Pfirsich.
Green Catherine.
* Gregory's Late Peach.
* Grosse de Romorantin.
Grosse Madeleine Lepère.
Grosse Mignonne hâtive.
Grosse Mignonne Lepère.

* Les astérisques désignent les Variétés dont les *Fleurs* sont décrites.
Les noms en caractères italiques indiquent les synonymes supposés.

Hâtive de Ferrières.
Heath Free.
Hewellay.

Incomparable en beauté.

Jaune d'Espagne.
Jaune de Mezen.
Jerseypfirsich Schône.

Karl Schwarzenberg.
Krengelbacher Pfirsiche.

Lagrange.
Large Early York.
Large White Cling.
Lemon Cling, Pavie Limon.
Lina Hausser.
Long Leaved.
Lord Palmerston.

Madeleine à petites fleurs.
Madeleine blanche précoce.
* Madeleine du Comico.
Madeleine Hariot.
Magnifique de Daval.
Marthe de Lisieux.
Merveille de New-York.
Merveille d'Octobre.
Mignonne hâtive.
Mitchels Mammouth.
Monstrueuse de Doué.

Nain.
Nectarine d'or de Hollande.
* Nectarine Hélène Schmidt.
Nectarine rouge.
Nectarine rouge Mont-Saint-Jean.
New White Nectarine Salway.
* Noire de Montreuil.

Pavie abricotée.
Pavie de Pomponne.
Pavie de Tonneux.
Pavie du Puy.
* Pavie jaune.
* Pavie jaune hâtive.
Pavie Limon.
Pêche Baron Peers.
Pêche Comte d'Ansembourg.
Pêche de Bisconte.
Pêche de Brahy.
Pêche des Chartreux.
Pêche d'Ile.
Pêche d'Oignies.
Pêche jaune hâtive de Doué.
Pêche Lindley.
Pêche Orange.
Pêcher à bois jaune.
Pêcher à fleurs doubles roses.
Pêcher Gustave Thuret.
Petite Pavie d'Ounous.
Pourprée à bec.
Pourprée hâtive.
Pourprée Joseph Norin.
Prachtvolle Aprikosenpfirsich.
Prince John.
Princesse Marie.
PrinzessinMarie von Württemberg.
Probst Friedrich Pfirsich.

Romorantin à chair rouge.
* Roussanne.

Saint-Louis.
Sallville.
Sanguine grosse Admirable.
Schmidberger-Pfirsich.
Schöne von Vilvorde.
Semis de Madeleine.
Semis de Pêche d'Egypte.
Sieulle.
Späte Mignot Pfirsich.
Souvenir de Jean Rey.
Stanwick Seedling.
Stump of the World.
Summer White Free.
Surprise de Pellaine.

Tardive des Lazaristes.
Teissier.
Temple.
Troth's Early Red.

Walburton Admirable.
Ward's Freestone.
Weidenblatige Pfirsich.
White English.
White Globe.

TABLE GÉNÉRALE

COMPRENANT TOUS LES FRUITS DÉCRITS DANS LES DOUZE VOLUMES

DE LA

POMOLOGIE

(Le nom de la variété est en caractères romains, celui des synonymes en caractères italiques.)

POIRES.

POMMES.

PRUNES.

CERISES.

PÊCHES.

ABRICOTS.

VIGNES.

FRAMBOISIERS, GROSEILLIERS, CASSISSIERS.

FIN DE LA TABLE GÉNÉRALE.

Bourg, Imprimerie Authier et Barbier.

www.ingramcontent.com/pod-product-compliance
Ingram Content Group UK Ltd.
Pitfield, Milton Keynes, MK11 3LW, UK
UKHW020206250726
13967UKWH00003B/1291